초ㅋ
교과서 달달 풀기

초등 수학
2-1

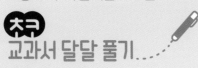

미리 풀고, 다시 풀면서
초등 수학 학습력을 키우는

초코
교과서 달달 풀기

WRITERS

미래엔콘텐츠연구회
No.1 Content를 개발하는 교육 콘텐츠 연구회

COPYRIGHT

인쇄일 2024년 1월 22일(1판1쇄)
발행일 2024년 1월 22일

펴낸이 신광수
펴낸곳 (주)미래엔
등록번호 제16-67호

융합콘텐츠개발실장 황은주
개발책임 정은주 **개발** 장혜승, 이신성, 박새연

디자인실장 손현지
디자인책임 김기욱 **디자인** 이명희

CS본부장 강윤구
제작책임 강승훈

ISBN 979-11-6841-615-4

매일매일
스스로
공부해요.

미리 풀고
다시 풀면서
연습해요.

수학
자신감을
키워요.

수학 공부의 첫 걸음은 개념을 이해하고 익히는 거예요.
"초코 교과서 달달 풀기"와 함께
개념을 학습하고 교과서 문제를 풀어보면
기본을 다질 수 있고, 수학 실력도 쌓을 수 있어요.

자, 그러면 계획을 세워서 수학 공부를 꾸준히 해 볼까요?

구성과 특징

- 교과서 내용을 바탕으로 개념을 체계적으로 구성하였습니다.
- 학습 내용을 그림이나 도형, 첨삭 등을 이용해 시각적으로 표현하여 이해를 돕습니다.

- 빈칸 채우기, 단답형 등 개념을 바로 적용하고 확인할 수 있는 기본 문제로 구성하였습니다.

- 교과서와 똑 닮은 쌍둥이 문제로 구성하였습니다.
- 학습한 개념을 다양한 문제에 적용해 보면서 개념을 익히고 자신의 부족한 부분을 채울 수 있습니다.

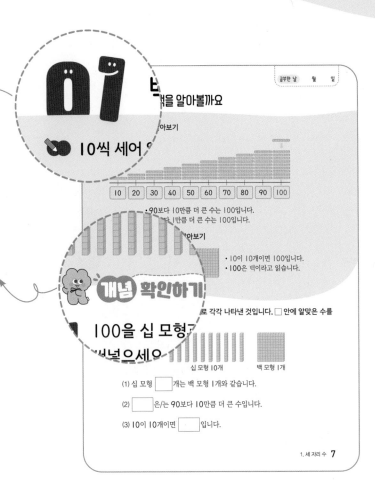

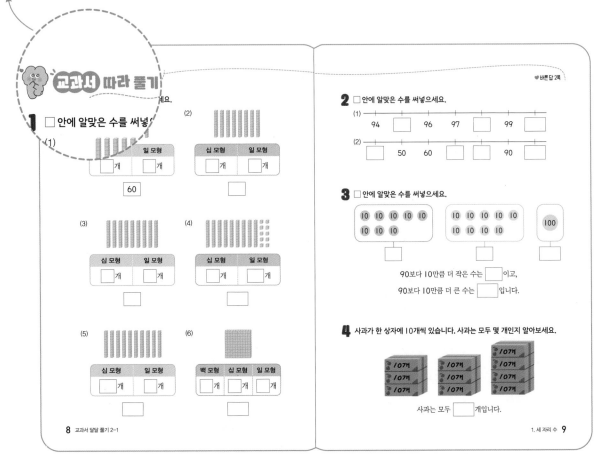

● 응용 문제를 수록하여 문제 푸는 실력을 향상 시킬 수 있도록 하였습니다.

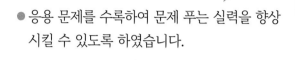

실력 키우기

□ 안에 알맞은 수를 써넣으세요.

| 20 | 40 | 60 | 80 | 100 |

(1) 80보다 20만큼 더 큰 수는 □ 입니다.

(2) 100보다 □ 만큼 더 작은 수는 60입니다.

2 100에 대해 바르게 말한 친구의 이름을 써 보세요.

> 90보다 10만큼
> 더 작은 수야.

> 95보다 5만큼
> 더 큰 수야.

하은   성범

(   )

● 다양한 유형의 문제를 통해 학습한 내용을 점검할 수 있도록 구성하였습니다.

● 틀린 문제는 개념을 다시 확인하여 부족한 부분을 되짚어 볼 수 있도록 안내하였습니다.

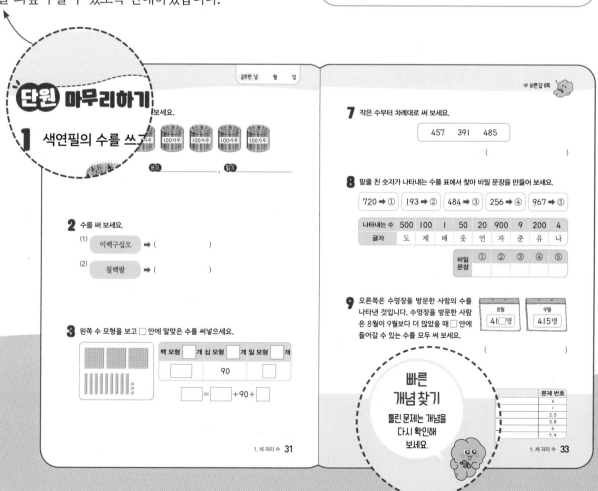

공부한 날   월   일

단원 마무리하기

1 색연필의 수를 쓰고

| | 100자루 | 100자루 | 100자루 | 100자루 | 100자루 |

쓰기   읽기

2 수를 써 보세요.
(1) 이백구십오 ➡ (   )
(2) 칠백팔 ➡ (   )

3 왼쪽 수 모형을 보고 □ 안에 알맞은 수를 써넣으세요.

백 모형	□ 개 십 모형	□ 개 일 모형	□ 개
	90		

□ = □ + 90 + □

7 작은 수부터 차례대로 써 보세요.

| 457 | 391 | 485 |

(   )

8 밑줄 친 숫자가 나타내는 수를 표에서 찾아 비밀 문장을 만들어 보세요.

| 720 ➡ ① | 193 ➡ ② | 484 ➡ ③ | 256 ➡ ④ | 967 ➡ ⑤ |

나타내는 수	500	100	1	50	20	900	9	200	4
글자	도	제	배	웃	언	자	준	유	나

비밀 문장	①	②	③	④	⑤

9 오른쪽은 수영장을 방문한 사람의 수를 나타낸 것입니다. 수영장을 방문한 사람은 8월이 9월보다 더 많았을 때 □ 안에 들어갈 수 있는 수를 모두 써 보세요.

8월
41□명

9월
415명

(   )

빠른 개념 찾기

틀린 문제는 개념을 다시 확인해 보세요.

	문제 번호
	4
	1
	2. 5
	3. 8
	6
	7. 9

차례

① 세 자리 수

② 여러 가지 도형

③ 덧셈과 뺄셈

세 자리 수

01 백을 알아볼까요

10씩 세어 알아보기

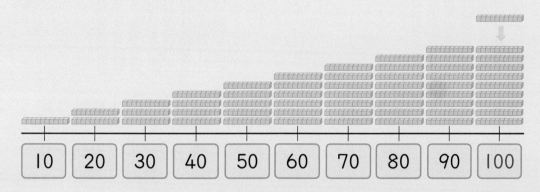

| 10 | 20 | 30 | 40 | 50 | 60 | 70 | 80 | 90 | 100 |

- 90보다 10만큼 더 큰 수는 100입니다.
- 99보다 1만큼 더 큰 수는 100입니다.

100을 수 모형으로 알아보기

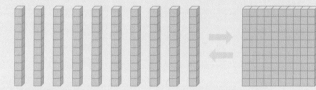

- 10이 10개이면 100입니다.
- 100은 백이라고 읽습니다.

개념 확인하기

1 100을 십 모형과 백 모형으로 각각 나타낸 것입니다. ☐ 안에 알맞은 수를 써넣으세요.

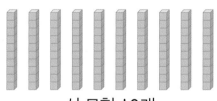

십 모형 10개   백 모형 1개

(1) 십 모형 ☐ 개는 백 모형 1개와 같습니다.

(2) ☐ 은/는 90보다 10만큼 더 큰 수입니다.

(3) 10이 10개이면 ☐ 입니다.

1 □ 안에 알맞은 수를 써넣으세요.

(1)

십 모형	일 모형
☐ 개	☐ 개

60

(2)

십 모형	일 모형
☐ 개	☐ 개

☐

(3)

십 모형	일 모형
☐ 개	☐ 개

☐

(4)

십 모형	일 모형
☐ 개	☐ 개

☐

(5)

십 모형	일 모형
☐ 개	☐ 개

☐

(6)

백 모형	십 모형	일 모형
☐ 개	☐ 개	☐ 개

☐

2 ☐ 안에 알맞은 수를 써넣으세요.

(1)

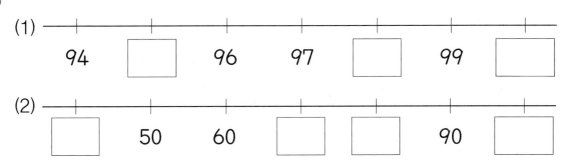

94 ☐ 96 97 ☐ 99 ☐

(2)

☐ 50 60 ☐ ☐ 90 ☐

3 ☐ 안에 알맞은 수를 써넣으세요.

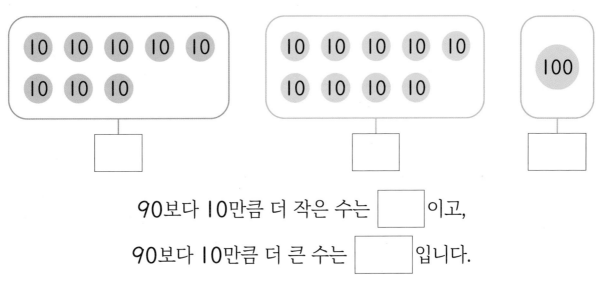

90보다 10만큼 더 작은 수는 ☐ 이고,

90보다 10만큼 더 큰 수는 ☐ 입니다.

4 사과가 한 상자에 10개씩 있습니다. 사과는 모두 몇 개인지 알아보세요.

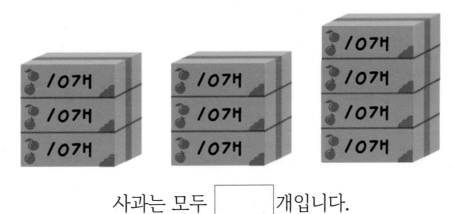

사과는 모두 ☐ 개입니다.

♥ 바른답 2쪽

1 그림을 보고 □ 안에 알맞은 수를 써넣으세요.

(1) 80보다 20만큼 더 큰 수는 □ 입니다.

(2) 100보다 □ 만큼 더 작은 수는 60입니다.

2 100에 대해 바르게 말한 친구의 이름을 써 보세요.

90보다 10만큼 더 작은 수야.

95보다 5만큼 더 큰 수야.

하은   성범

(   )

 몇백을 알아볼까요

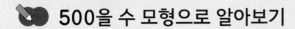 500을 수 모형으로 알아보기

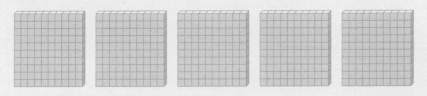

- 100이 5개이면 500입니다.
- 500은 오백이라고 읽습니다.

100이 ■개이면
■00이야.

 몇백을 쓰고 읽기

	100이 1개	100이 2개	100이 3개	100이 4개	100이 5개	100이 6개	100이 7개	100이 8개	100이 9개
쓰기	100	200	300	400	500	600	700	800	900
읽기	백	이백	삼백	사백	오백	육백	칠백	팔백	구백

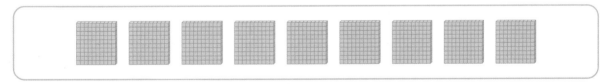 개념 확인하기

1 700만큼 수 모형을 묶고, ☐ 안에 알맞은 수를 써넣으세요.

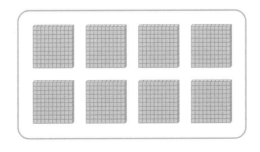

100이 ☐ 개이면 700입니다.

2 수 모형이 나타내는 수를 쓰고 읽어 보세요.

쓰기 _____

읽기 _____

1 □ 안에 알맞은 수를 써넣으세요.

(1)

(2)

(3)

(4)

2 □ 안에 알맞은 수를 써넣고, 관계있는 것끼리 이어 보세요.

100 ·	· 100이 4개 ·	· 백
400 ·	· 100이 □ 개 ·	· 칠백
700 ·	· □ 이/가 7개 ·	· 사백

3~4 그림을 보고 물음에 답해 보세요.

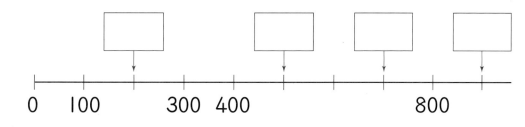

3 보기 에서 알맞은 수를 찾아 □ 안에 써넣으세요.

보기

| 500 | 700 | 200 | 900 |

4 색칠한 칸의 수와 더 가까운 수에 ○표 하세요.

| 100 | 200 | 600 |

| 200 | 400 | 500 |

| 400 | 600 | 900 |

| 500 | 800 | 900 |

5 수 모형을 보고 바르게 말한 친구를 찾아 이름을 써 보세요.

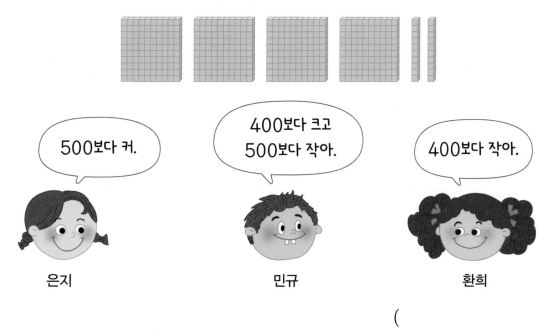

( )

1 ㉠과 ㉡에 알맞은 수를 각각 구해 보세요.

> • 100이 3개인 수는 ㉠입니다.
> • 100이 ㉡개인 수는 800입니다.

㉠ (   )

㉡ (   )

2 수 모형을 보고 잘못 설명한 것을 찾아 기호를 써 보세요.

> ㉠ 600보다 큽니다.
> ㉡ 600보다 크고 700보다 작습니다.
> ㉢ 700보다 큽니다.

(   )

 세 자리 수를 알아볼까요

 354를 알아보기

백 모형	십 모형	일 모형
100이 **3** 개	10이 **5** 개	I이 **4** 개

➡ 100이 3개, 10이 5개, I이 4개이면

3 5 4 이고, 삼백오십사라고 읽습니다.

1 수 모형을 보고 □ 안에 알맞은 수를 써넣으세요.

백 모형	십 모형	일 모형
100이 ☐ 개	10이 ☐ 개	I이 ☐ 개	➡ ☐

2 수 모형이 나타내는 수를 알아보세요.

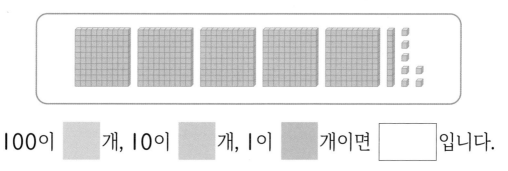

100이 ☐ 개, 10이 ☐ 개, I이 ☐ 개이면 ☐ 입니다.

1 수 모형을 보고 ☐ 안에 알맞은 수나 말을 써넣으세요.

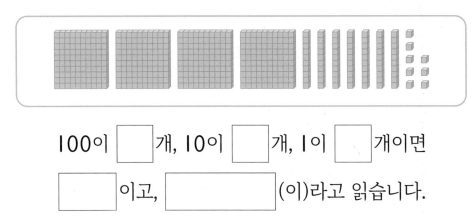

100이 ☐ 개, 10이 ☐ 개, 1이 ☐ 개이면

☐ 이고, ☐ (이)라고 읽습니다.

2 수를 바르게 읽은 말을 찾아 이어 보세요.

594 •

• 오백구십사

954 •

• 사백오십구

459 •

• 구백오십사

3 사탕은 모두 몇 개인지 써 보세요.

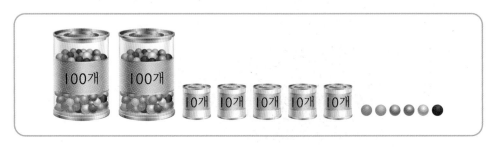

(   )

4 은주는 심부름 놀이를 하기 위해 100, 10, 1 을 이용하여 가격을 정했습니다. 물음에 답해 보세요.

고기	대파	양파	음료수	과자	초콜릿
300원	100원	50원	20원	5원	1원

(1) 물건을 사는 데 필요한 돈만큼 100, 10, 1 을 그리고 수를 써 보세요.

사야 할 물건	모형	필요한 돈(원)
	100 100 100 10 10 1 1 1 1 1	

(2) 은주는 심부름 놀이에서 물건을 사고 100 3개, 10 4개를 썼습니다. 은주가 산 물건으로 알맞은 것에 ○표 하세요.

(　　　)

(　　　)

1 잘못 말한 친구의 이름을 써 보세요.

> 현진: 306은 100이 3개, 10이 6개인 수야.
> 상윤: 100이 5개, 1이 8개인 수는 508이야.

(   )

2 동전은 모두 얼마인지 구해 보세요.

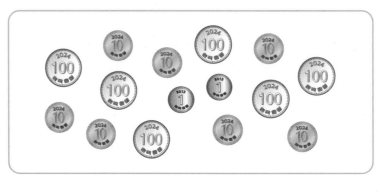

(   )

04 각 자리의 숫자는 얼마를 나타낼까요

✎ 242에서 각 자리의 숫자가 얼마를 나타내는지 알아보기

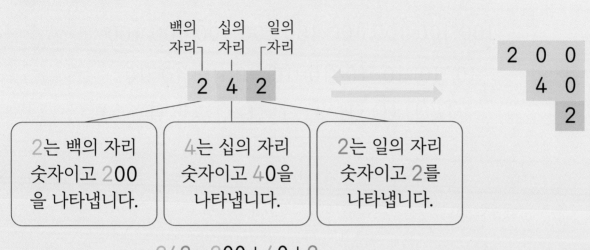

백의   십의   일의
자리   자리   자리

2 4 2

2는 백의 자리 숫자이고 200을 나타냅니다.

4는 십의 자리 숫자이고 40을 나타냅니다.

2는 일의 자리 숫자이고 2를 나타냅니다.

2 0 0
  4 0
    2

242=200+40+2

개념 확인하기

1 각 자리의 숫자가 얼마를 나타내는지 ☐ 안에 알맞은 수를 써넣으세요.

백의 자리	십의 자리	일의 자리
6	3	9
100이 ☐ 개	10이 3개	1이 ☐ 개
600	☐	☐

6 3 9 =600+☐+☐

2 ☐ 안에 알맞은 수를 써넣으세요.

587에서

백의 자리 숫자는 ☐ 입니다.

십의 자리 숫자는 ☐ 입니다.

일의 자리 숫자는 ☐ 입니다.

1 497만큼 색칠하고 ☐ 안에 알맞은 수를 써넣으세요.

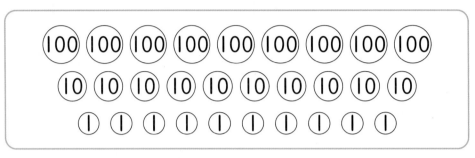

497 = ☐ + ☐ + ☐

2 ☐ 안에 알맞은 수를 써넣으세요.

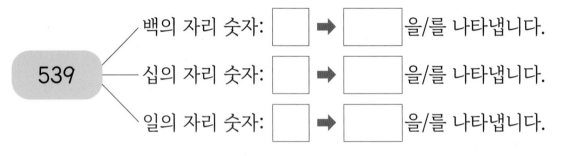

539

백의 자리 숫자: ☐ ➡ ☐ 을/를 나타냅니다.

십의 자리 숫자: ☐ ➡ ☐ 을/를 나타냅니다.

일의 자리 숫자: ☐ ➡ ☐ 을/를 나타냅니다.

3 승규는 자물쇠의 비밀번호를 풀려고 합니다. 설명을 읽고 자물쇠의 비밀번호를 ☐ 안에 써넣으세요.

승규

자물쇠의 비밀번호는
100이 8개인 세 자리 수입니다.
십의 자리 숫자는 60을 나타내고,
173과 일의 자리
숫자가 똑같습니다.

4 밑줄 친 숫자가 얼마를 나타내는지 수 모형에서 찾아 ○표 하세요.

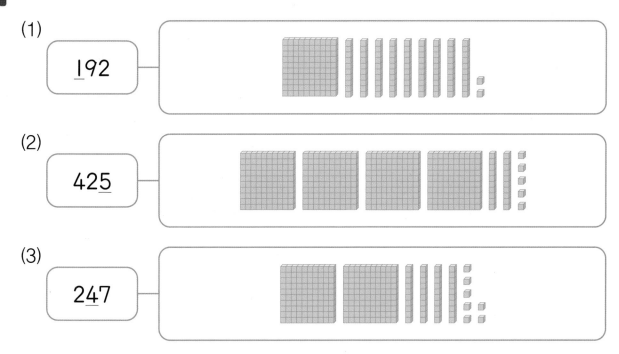

(1)
192

(2)
42**5**

(3)
2**4**7

5 수 배열표를 보고 물음에 답해 보세요.

781	782	783	784	785	786	787	788	789	790
791	792	793	794	795	796	797	798	799	800
801	802	803	804	805	806	807	808	809	810

(1) 십의 자리 숫자가 0인 수를 모두 찾아 ○표 하세요.

(2) 일의 자리 숫자가 4인 수를 모두 찾아 △표 하세요.

(3) ○표와 △표를 모두 한 수를 찾아 쓰고 읽어 보세요.

쓰기 _____ , 읽기 _____

♥ 바른 답 5쪽

1 숫자 3이 30을 나타내는 수를 모두 찾아 ○표 하세요.

371   935   103

836   234   783

2 다음이 설명하는 수를 읽어 보세요.

> 백의 자리 숫자와 일의 자리 숫자는 7이고,
> 십의 자리 숫자는 40을 나타냅니다.

 읽기 _____

05 뛰어 세어 볼까요

100씩, 10씩, 1씩 뛰어 세기

(1) 100씩 뛰어 세기

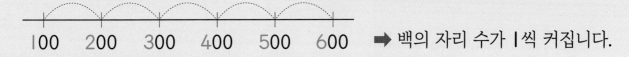

100 200 300 400 500 600 ➡ 백의 자리 수가 1씩 커집니다.

(2) 10씩 뛰어 세기

910 920 930 940 950 960 ➡ 십의 자리 수가 1씩 커집니다.

(3) 1씩 뛰어 세기

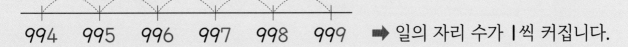

994 995 996 997 998 999 ➡ 일의 자리 수가 1씩 커집니다.

1000 알아보기

• 999보다 1만큼 더 큰 수는 1000입니다.
• 1000은 천이라고 읽습니다.

개념 확인하기

1 뛰어 센 것을 보고 알맞은 수나 말에 ○표 하세요.

(1)

100 200 300 400 500 600

(백 , 십 , 일)의 자리 수가 1씩 커지므로

(100 , 10 , 1)씩 뛰어 센 것입니다.

(2)

439 449 459 469 479 489

(백 , 십 , 일)의 자리 수가 1씩 커지므로

(100 , 10 , 1)씩 뛰어 센 것입니다.

1 빈칸에 알맞은 수를 써넣으세요.

(1) 100씩 뛰어 세어 보세요.

| 234 | 334 | 434 | | | |

(2) 10씩 뛰어 세어 보세요.

| | 526 | 536 | 546 | | |

(3) 1씩 뛰어 세어 보세요.

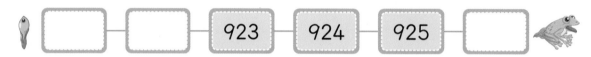

| | | 923 | 924 | 925 | |

2 빈칸에 알맞은 수를 써넣고, 얼마씩 뛰어 세었는지 알아보세요.

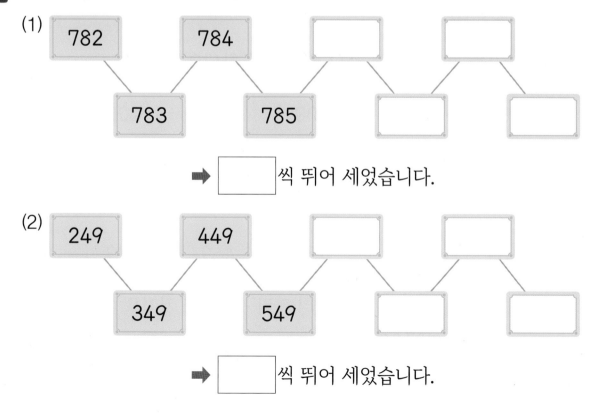

(1)

| 782 | | 784 | | | |
| | 783 | | 785 | | |

➡ ☐ 씩 뛰어 세었습니다.

(2)

| 249 | | 449 | | | |
| | 349 | | 549 | | |

➡ ☐ 씩 뛰어 세었습니다.

3 빈 곳에 알맞은 수를 써넣으세요.

(1) 100씩 거꾸로 뛰어 세어 보세요.

(2) 10씩 거꾸로 뛰어 세어 보세요.

4 수 배열표에서 수에 해당하는 글자를 찾아 낱말을 만들어 보세요.

ㄱ	120	130	140	150			ㄹ		
		230	240	250	260	270			
310	320	330	340			ㅅ	380	390	400
	420	430	ㅗ		460	470	480	490	500
510	520	530	540	550	560	570	580	590	600
610		630	640	650		ㄷ	680	690	
710	ㅣ	730	740			770	780	790	
	820	830	840		ㅜ	870	880	890	

670	440	110	370	860	180	720
⬇	⬇	⬇	⬇	⬇	⬇	⬇

낱말

1 보기와 같은 규칙으로 뛰어 세어 보세요.

보기

829 — 839 — 849 — 859 — 869

532 — [ ] — [ ] — [ ] — [ ] — [ ]

2 승아가 말한 방법으로 뛰어 세었을 때 ㉠과 ㉡에 알맞은 수를 각각 구해 보세요.

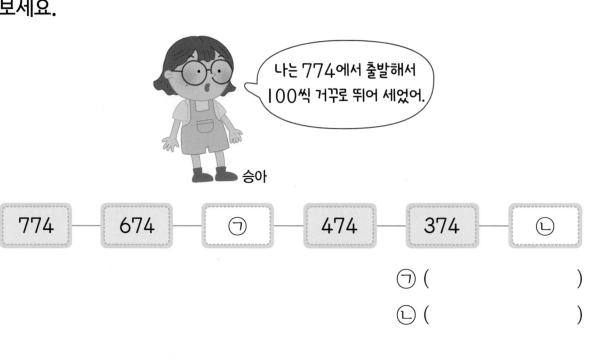

나는 774에서 출발해서 100씩 거꾸로 뛰어 세었어.

승아

| 774 | 674 | ㉠ | 474 | 374 | ㉡ |

㉠ (   )

㉡ (   )

 **06 수의 크기를 비교해 볼까요**

🔗 **439와 437의 크기를 비교하기**

	백의 자리	십의 자리	일의 자리
439 ➡	4	3	9
437 ➡	4	3	7

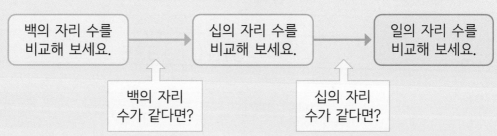

백의 자리 수와 십의 자리 수가 각각 같으므로 일의 자리 수를 비교합니다.

$$4\;3\;\boxed{9}\;>\;4\;3\;\boxed{7}$$
$$9>7$$

 **개념 확인하기**

1 알맞은 말에 ○표 하세요.

(1)
> 371은 412보다
> (큽니다 , 작습니다).

(2)
> 295는 248보다
> (큽니다 , 작습니다).

2 ○ 안에 > 또는 <를 알맞게 써넣으세요.

(1) 651은 580보다 큽니다.

651 ◯ 580

(2) 832는 905보다 작습니다.

832 ◯ 905

1 빈칸에 알맞은 수를 써넣고, 두 수의 크기를 비교하여 ○ 안에 >, =, <를 알맞게 써넣으세요.

(1)

	백의 자리	십의 자리	일의 자리
315 ➡	3		
335 ➡	3		

315 ◯ 335

(2)

	백의 자리	십의 자리	일의 자리
728 ➡			
722 ➡			

728 ◯ 722

2 수의 크기를 비교하여 가장 작은 수에는 ○표, 가장 큰 수에는 △표 하세요.

(1)

424

514　425

(2)

639

693　588

3 □ 안에 들어갈 수 있는 수를 모두 찾아 ○표 하세요.

74□<745

0	1	2	3	4
5	6	7	8	9

♥ 바른 답 7쪽

4 수 카드를 한 번씩만 사용하여 □ 안에 알맞은 수를 써넣으세요.

| 240 | 270 | 260 |

267< [ ]   239< [ ]   255< [ ]

5 수 카드를 한 번씩만 사용하여 세 자리 수를 만들려고 합니다. 만들 수 있는 세 자리 수 중에서 가장 큰 수와 가장 작은 수를 각각 구해 보세요.

| 3 | 8 | 2 |

가장 큰 수 (   )

가장 작은 수 (   )

6 어떤 수인지 써 보세요.

- 이 수는 세 자리 수입니다.
- 백의 자리 수는 6보다 크고 8보다 작습니다.
- 십의 자리 숫자는 10을 나타냅니다.
- 일의 자리 수는 3보다 작은 짝수입니다.

(   )

❤ 바른답 7쪽

1 1부터 9까지의 수 중에서 □ 안에 들어갈 수 있는 수는 모두 몇 개인지 구해 보세요.

4□5>462

(   )

2 수 카드 2 , 9 , 0 , 5 중에서 3장을 골라 한 번씩만 사용하여 세 자리 수를 만들려고 합니다. 만들 수 있는 세 자리 수 중에서 가장 작은 수를 구해 보세요.

(   )

━ 바른답 7쪽

단원 마무리하기

1 색연필의 수를 쓰고 읽어 보세요.

쓰기 _____ , 읽기 _____

2 수를 써 보세요.

(1) 이백구십오 ➡ (   )

(2) 칠백팔 ➡ (   )

3 왼쪽 수 모형을 보고 □ 안에 알맞은 수를 써넣으세요.

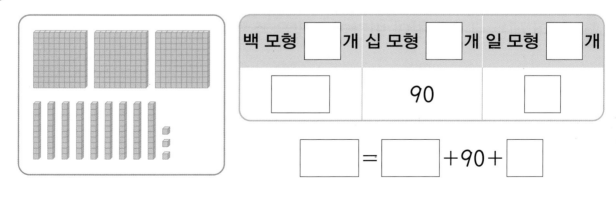

백 모형 □ 개	십 모형 □ 개	일 모형 □ 개
□	90	□

□ = □ + 90 + □

4 나타내는 수가 다른 하나를 찾아 기호를 써 보세요.

> ㉠ 99보다 1만큼 더 큰 수
> ㉡ 10이 10개인 수
> ㉢ 70보다 20만큼 더 큰 수

(   )

5 동전은 모두 얼마인지 구해 보세요.

(   )

6 뛰어 세는 규칙을 찾아 빈칸에 알맞은 수를 써넣으세요.

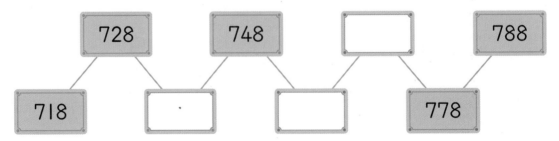

7 작은 수부터 차례대로 써 보세요.

| 457 | 391 | 485 |

(   )

8 밑줄 친 숫자가 나타내는 수를 표에서 찾아 비밀 문장을 만들어 보세요.

| 7<u>2</u>0 ➡ ① | <u>1</u>93 ➡ ② | 48<u>4</u> ➡ ③ | 2<u>5</u>6 ➡ ④ | <u>9</u>67 ➡ ⑤ |

나타내는 수	500	100	1	50	20	900	9	200	4
글자	도	제	배	웃	언	자	준	유	나

비밀 문장	①	②	③	④	⑤

9 오른쪽은 수영장을 방문한 사람의 수를 나타낸 것입니다. 수영장을 방문한 사람은 8월이 9월보다 더 많았을 때 □ 안에 들어갈 수 있는 수를 모두 써 보세요.

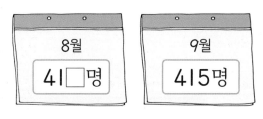

8월 41□명

9월 415명

(   )

빠른 개념 찾기

틀린 문제는 개념을 다시 확인해 보세요.

개념	문제 번호
01 백을 알아볼까요	4
02 몇백을 알아볼까요	1
03 세 자리 수를 알아볼까요	2, 5
04 각 자리의 숫자는 얼마를 나타낼까요	3, 8
05 뛰어 세어 볼까요	6
06 수의 크기를 비교해 볼까요	7, 9

여러 가지 도형

△을 알아보고 찾아볼까요

삼각형 알아보기

그림과 같은 모양의 도형을 삼각형이라고 합니다.

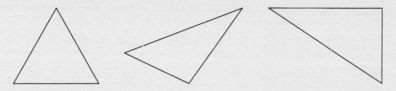

삼각형의 특징 알아보기

① 곧은 선을 변, 두 곧은 선이 만나는 점을 꼭짓점이라고 합니다.
② 삼각형은 변이 3개, 꼭짓점이 3개입니다.
③ 3개의 곧은 선들로 둘러싸여 있습니다.

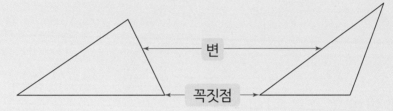

 개념 확인하기

1 삼각형을 모두 찾아 ○표 하세요.

2 삼각형을 보고 □ 안에 알맞은 말을 써넣으세요.

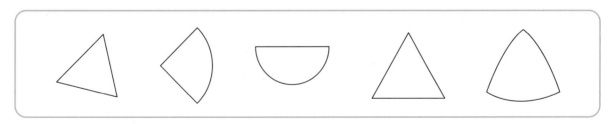

(1) 곧은 선을 □이라고 합니다.

(2) 두 곧은 선이 만나는 점을 □이라고 합니다.

1 삼각형을 모두 찾아 선을 따라 그려 보세요.

2 삼각형에 대해 알아보려고 합니다. 물음에 답해 보세요.

(1) 삼각형을 보고 ☐ 안에 알맞은 말을 써넣으세요.

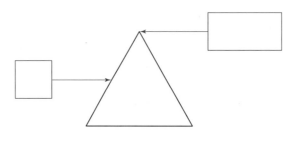

(2) ☐ 안에 알맞은 수를 써넣으세요.

삼각형은 변이 ☐ 개, 꼭짓점이 ☐ 개입니다.

3 삼각형을 완성해 보세요.

(1)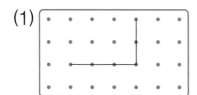

(2)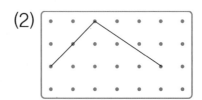

(3)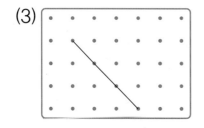

(4)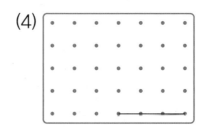

4 삼각형을 모두 찾아 색칠해 보세요.

5 삼각형 모양의 물건이 3개 있습니다. 모두 찾아 ○표 하세요.

1 ㉠과 ㉡에 알맞은 수의 합을 구해 보세요.

> • 삼각형은 꼭짓점이 ㉠개입니다.
> • 삼각형은 곧은 선 ㉡개로 둘러싸여 있습니다.

(   )

2 그림에서 찾을 수 있는 크고 작은 삼각형은 모두 몇 개인지 구해 보세요.

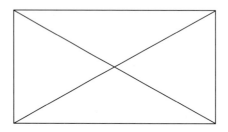

(   )

02 □을 알아보고 찾아볼까요

사각형 알아보기

그림과 같은 모양의 도형을 사각형이라고 합니다.

사각형의 특징 알아보기

① 곧은 선을 변, 두 곧은 선이 만나는 점을 꼭짓점이라고 합니다.
② 사각형은 변이 4개, 꼭짓점이 4개입니다.
③ 4개의 곧은 선들로 둘러싸여 있습니다.

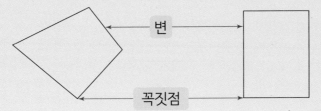

개념 확인하기

1 사각형을 모두 찾아 ○표 하세요.

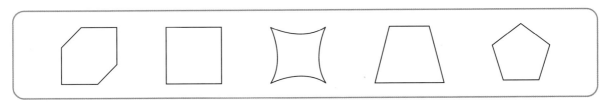

2 사각형을 보고 □ 안에 알맞은 말을 써넣으세요.

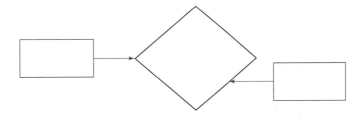

1 사각형을 모두 찾아 선을 따라 그려 보세요.

2 사각형의 변과 꼭짓점은 각각 몇 개인가요?

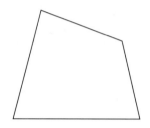

변 (   )

꼭짓점 (   )

3 사각형을 완성해 보세요.

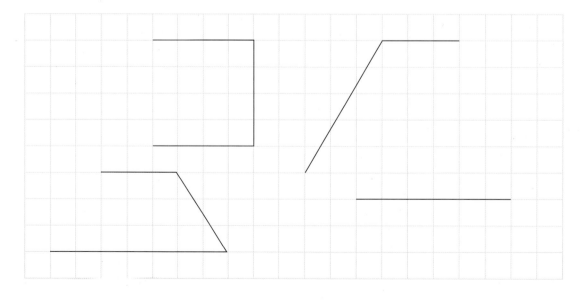

♥ 바른 답 10쪽

4 사각형을 모두 찾아 색칠해 보세요.

5 다음 도형을 점선을 따라 자르면 어떤 도형이 몇 개 생기는지 알아보세요.

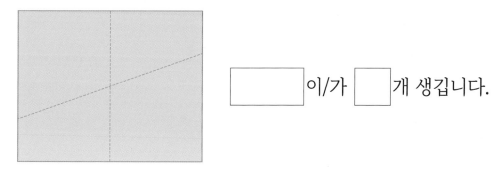

이/가 ☐ 개 생깁니다.

1 다음 도형이 사각형이 아닌 이유를 써 보세요.

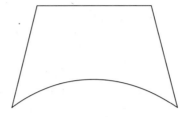

이유
_____

_____

2 그림과 같이 색종이를 2번 접었다가 펼친 후 접힌 선을 따라 자르면 어떤 도형이 몇 개 생기는지 차례대로 써 보세요.

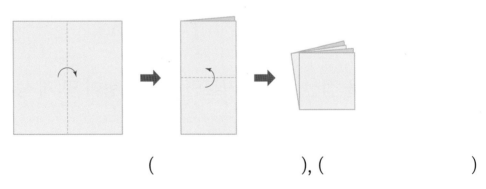

(   ), (   )

03 ○을 알아보고 찾아볼까요

🍎 원 알아보기

그림과 같은 모양의 도형을 원이라고 합니다.

🍎 원의 특징 알아보기

① 뽀족한 부분이 없습니다.
② 곧은 선이 없고, 굽은 선으로 이어져 있습니다.
③ 어느 쪽에서 보아도 완전히 동그란 모양입니다.
④ 크기는 다를 수 있지만 모양은 서로 같습니다.

원은 길쭉하거나 찌그러진 곳이 없어.

1 그림과 같이 컵의 위쪽 부분을 종이에 대고 그렸습니다. 물음에 답해 보세요.

(1) 그린 도형을 찾아 ○표 하세요.

( ) ( ) ( )

(2) 그린 도형의 이름을 써 보세요.

( )

2 원을 모두 찾아 색칠해 보세요.

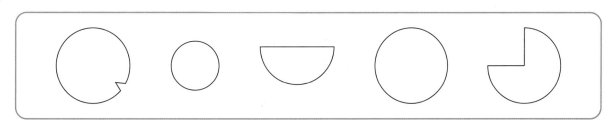

1 원을 모두 찾아 도형 안에 원이라고 써 보세요.

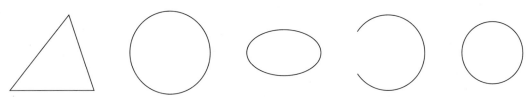

2 원에 대해 바르게 말한 친구를 모두 찾아 ○표 하세요.

원은 곧은 선 4개로 이루어져 있어.　(　　)

원은 완전히 동그란 모양이야.　(　　)

원은 크기는 다를 수 있지만
모양은 서로 같아.　(　　)

원은 뾰족한 부분이 있어.　(　　)

3 주변의 물건이나 모양 자를 이용하여 크기가 다른 원을 3개 그려 보세요.

4 보기 의 도형에 해당하는 색으로 빈 곳을 색칠해 보세요.

보기

삼각형 ➡ 〰 　　사각형 ➡ 〰 　　원 ➡ 〰

5 자동차의 바퀴가 원과 사각형이라면 어떻게 될지 써 보세요.

_____

_____

_____

❤ 바른 답 11쪽

1 원은 모두 몇 개인지 구해 보세요.

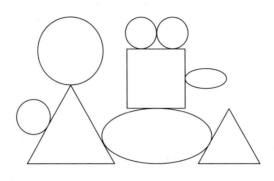

(   )

2 원을 찾아 원 안에 있는 수의 합을 구해 보세요.

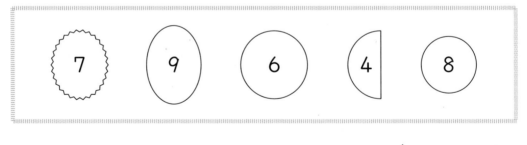

(   )

❤ 바른 답 11쪽

 **칠교판으로 모양을 만들어 볼까요**

칠교판 알아보기

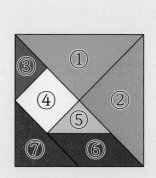

삼각형
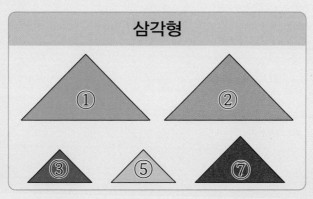

사각형
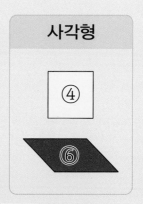

➡ 칠교 조각은 모두 **7**개이고, 그중에서 삼각형이 **5**개, 사각형이 **2**개입니다.

칠교 조각으로 삼각형과 사각형 만들기

• 삼각형 만들기

• 사각형 만들기

개념 확인하기

1 오른쪽 칠교판을 보고 ☐ 안에 알맞은 수를 써넣으세요.

(1) 칠교 조각 중 삼각형은 ☐ 개입니다.

(2) 칠교 조각 중 사각형은 ☐ 개입니다.

2 두 조각을 이용하여 사각형을 만들어 보세요.

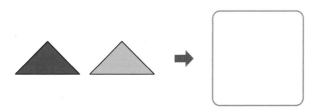

1 칠교 조각이 삼각형이면 △, 사각형이면 □로 표시해 보세요.

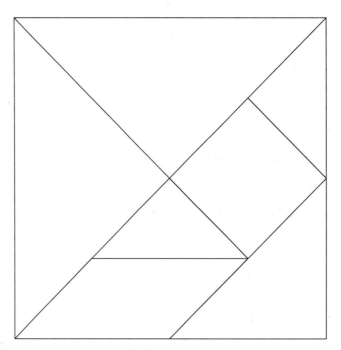

2 칠교 조각에 대해 바르게 말한 친구를 모두 찾아 ○표 하세요.

칠교 조각은
모두 7개야.

( )

칠교 조각 중 크기가
가장 큰 조각은
사각형이야.

( )

칠교 조각 중
삼각형은 4개야.

( )

칠교 조각에는 삼각형,
사각형이 있어.

( )

3 보기의 조각을 이용하여 삼각형과 사각형을 만들어 보세요.

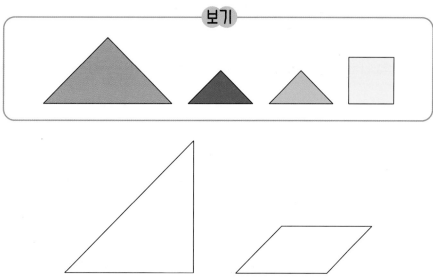

4 칠교 조각을 이용하여 만든 모양입니다. 이용한 조각 중 삼각형과 사각형은 각각 몇 개인지 구해 보세요.

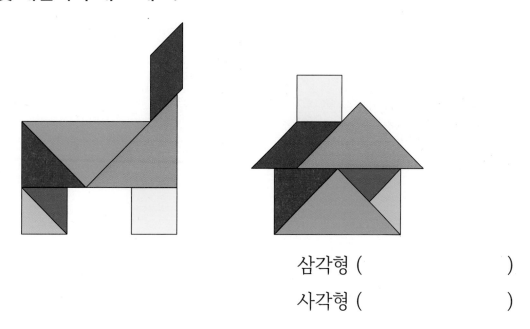

삼각형 (   )

사각형 (   )

1 ㉠과 ㉡에 알맞은 수의 합을 구해 보세요.

> 칠교 조각은 모두 ㉠개이고, 칠교 조각 중 삼각형은 ㉡개입니다.

(   )

2 주어진 조각을 한 번씩 모두 이용하여 만들 수 없는 모양의 기호를 써 보세요.

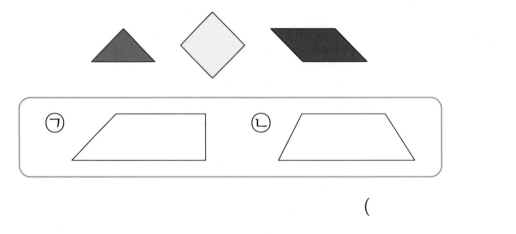

(   )

쌓은 모양을 알아볼까요

🔵 쌓기나무로 높이 쌓기

➡️ 쌓기나무로 높이 쌓으려면 쌓기나무를 반듯하게 맞춰 쌓아야 합니다.

🔵 쌓은 모양을 설명하기

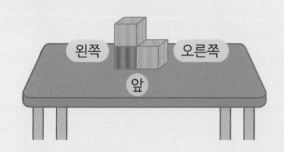

➡️ 빨간색 쌓기나무가 1개 있고, 그 위와 오른쪽에 쌓기나무가 각각 1개 있습니다.

🔵 설명한 대로 쌓기나무를 똑같이 쌓기

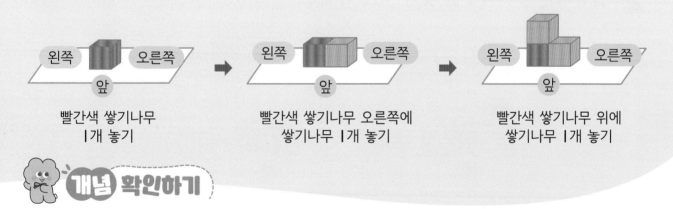

빨간색 쌓기나무
1개 놓기

빨간색 쌓기나무 오른쪽에
쌓기나무 1개 놓기

빨간색 쌓기나무 위에
쌓기나무 1개 놓기

개념 확인하기

1 왼쪽 모양에서 빨간색 쌓기나무의 왼쪽에 쌓기나무 1개를 더 쌓은 모양에 ○표 하세요.

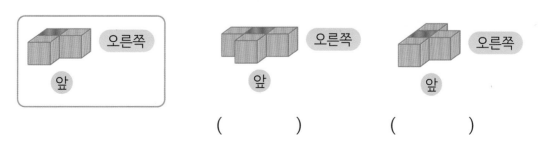

(   )   (   )

1 재희와 성하가 쌓기나무로 높이 쌓기 놀이를 하고 있습니다. 더 높이 쌓을 수 있는 친구의 이름을 써 보세요.

(   )

2 설명하는 쌓기나무를 찾아 ○표 하세요.

(1)

빨간색 쌓기나무의 오른쪽에 있는 쌓기나무

(2)

빨간색 쌓기나무의 앞에 있는 쌓기나무

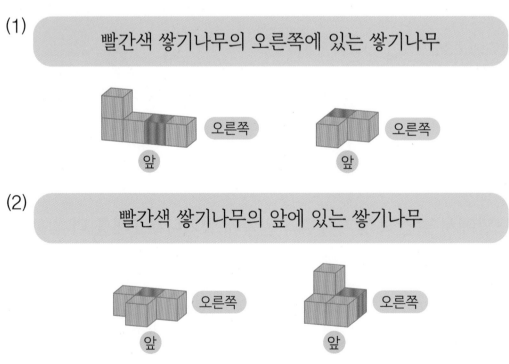

● 바른답 13쪽

3 쌓기나무로 쌓은 모양에 대한 설명입니다. □ 안에 알맞은 말과 수를 써넣으세요.

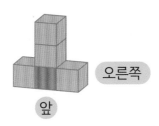

빨간색 쌓기나무가 l개 있고, 그 □에 쌓기나무가 **2**개 있습니다. 그리고 빨간색 쌓기나무의 왼쪽과 □에 쌓기나무가 각각 □개 있습니다.

4 왼쪽 모양으로 쌓기나무를 쌓으려고 할 때 필요한 과정을 찾아 □ 안에 기호를 알맞게 써넣으세요.

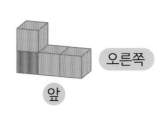

과정

ㄱ 위에 쌓기나무 l개 놓기

ㄴ 앞에 쌓기나무 l개 놓기

ㄷ 오른쪽에 쌓기나무 l개 놓기

ㄹ 오른쪽에 쌓기나무 **2**개 놓기

놓기 ➡ □ ➡ □

1 설명대로 쌓은 모양을 찾아 기호를 써 보세요.

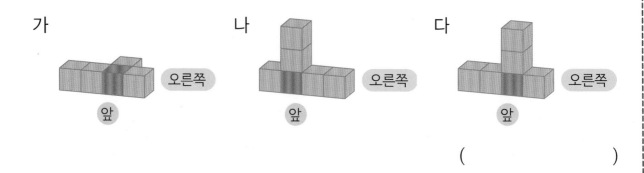

빨간색 쌓기나무를 기준으로 쌓기나무가 오른쪽에 2개, 왼쪽에 1개, 위에 2개 있습니다.

가   나   다

(   )

2 쌓기나무를 쌓은 모양을 보고 바르게 설명한 친구의 이름을 써 보세요.

파란색 쌓기나무의 오른쪽에 쌓기나무가 2개 있어.

노란색 쌓기나무 위에 쌓기나무가 1개 있어.

이현   앞   성준

(   )

여러 가지 모양으로 쌓아 볼까요

쌓기나무로 여러 가지 모양 만들기

| 쌓기나무 3개로 만들기 | 쌓기나무 4개로 만들기 | 쌓기나무 5개로 만들기 |

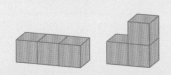 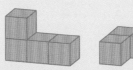 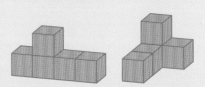

쌓기나무로 만든 모양 설명하기

쌓기나무 3개가 옆으로 나란히 있습니다.

쌓기나무 3개가 옆으로 나란히 있고 맨 오른쪽 쌓기나무 위에 쌓기나무 1개가 있습니다.

쌓기나무 3개가 옆으로 나란히 있고 맨 왼쪽과 맨 오른쪽 쌓기나무 위에 쌓기나무가 각각 1개 있습니다.

 개념 확인하기

1 쌓기나무 4개로 만든 모양을 찾아 ○표 하세요.

(   )   (   )   (   )

2 쌓기나무 5개로 만든 모양이 아닌 것을 찾아 ✕표 하세요.

(   )   (   )   (   )

1 설명대로 쌓은 모양을 찾아 이어 보세요.

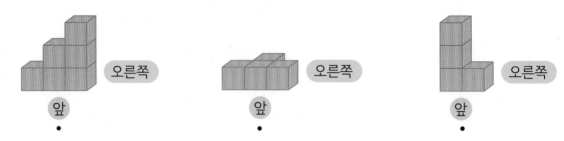

쌓기나무 3개가 옆으로 나란히 있고, 가운데 쌓기나무 뒤에 쌓기나무 1개가 있습니다.

계단 모양으로 1층에 3개, 2층에 2개, 3층에 1개가 있습니다.

쌓기나무 2개가 옆으로 나란히 있고, 왼쪽 쌓기나무 위에 쌓기나무 2개가 있습니다.

2 왼쪽 모양에서 쌓기나무 1개를 옮겨 오른쪽과 똑같은 모양을 만들려고 합니다. 옮겨야 할 쌓기나무에 ○표 하세요.

(1)

(2)

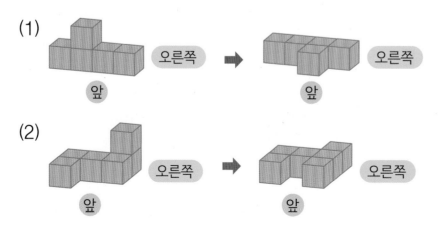

❤ 바른답 14쪽

3 쌓기나무로 쌓은 모양에 대한 설명입니다. 틀린 부분을 모두 찾아 ✕표 하세요.

> 쌓기나무 **3**개가 옆으로 나란히 있고, 맨 오른쪽
> 쌓기나무 위에 쌓기나무 **1**개가 있습니다.

4 사용한 쌓기나무의 수가 다른 하나를 찾아 기호를 써 보세요.

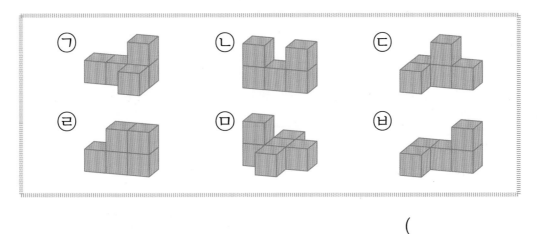

( )

1 가 모양과 나 모양을 만들기 위해 필요한 쌓기나무는 모두 몇 개인지 구해 보세요.

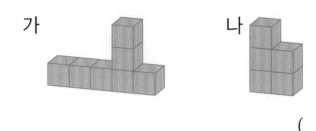

가　　　　　　　　　나

(　　　　　　　　)

2 정호는 쌓기나무를 10개 가지고 있습니다. 정호가 쌓기나무를 사용하여 다음과 같은 모양을 만들 때 남는 쌓기나무는 몇 개인지 구해 보세요.

(　　　　　　　　)

 마무리하기

1 쌓기나무로 쌓은 모양에 대한 설명입니다. 알맞은 수와 말에 ○표 하세요.

1층에 쌓기나무 (1 , 2 , 3)개가 옆으로 나란히 있습니다. 맨 왼쪽 쌓기나무 (위 , 뒤)에 쌓기나무 1개가 있고, 맨 오른쪽 쌓기나무 (앞 , 뒤)에 쌓기나무 1개가 있습니다.

2 삼각형은 **M**, 사각형은 **M**, 원은 **M**으로 색칠해 보세요.

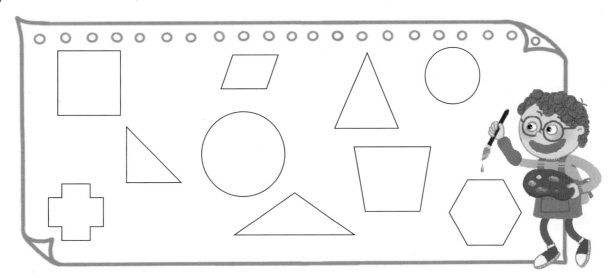

3 원을 찾아 원 안에 있는 수의 차를 구해 보세요.

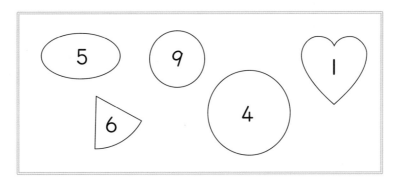

(   )

4 왼쪽 모양에서 빨간색 쌓기나무의 앞에 쌓기나무 1개를 더 쌓은 모양의 기호를 써 보세요.

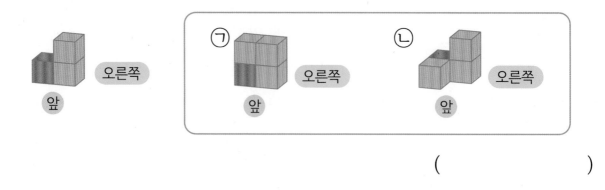

(   )

5 다음과 똑같은 모양으로 쌓으려면 쌓기나무가 몇 개 필요한지 구해 보세요.

(   )

6 서로 다른 모양의 삼각형과 사각형을 2개씩 그려 보세요.

(1)   삼각형   (2)   사각형

7 칠교 조각을 한 번씩 모두 이용하여 왕관 모양을 완성해 보세요.

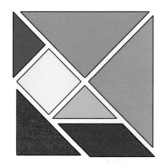

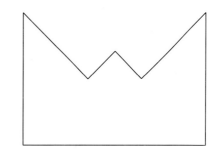

8 그림에서 삼각형, 사각형, 원 중 가장 많이 있는 도형은 무엇이고, 몇 개가 있는지 구해 보세요.

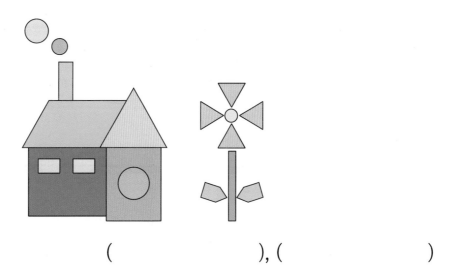

(   ), (   )

**빠른
개념찾기**

틀린 문제는 개념을
다시 확인해
보세요.

개념	문제 번호
01 △을 알아보고 찾아볼까요	2, 6, 8
02 □을 알아보고 찾아볼까요	2, 6, 8
03 ○을 알아보고 찾아볼까요	2, 3, 8
04 칠교판으로 모양을 만들어 볼까요	7
05 쌓은 모양을 알아볼까요	4
06 여러 가지 모양으로 쌓아 볼까요	1, 5

덧셈과 뺄셈

01 여러 가지 방법으로 덧셈을 해 볼까요(1)

✏️ 18+5를 여러 가지 방법으로 계산하기

방법 ① 이어 세기로 구하기

➡️ 18부터 5만큼 이어 세면 23이므로 18+5=23입니다.

방법 ② 십 배열판에 그림을 그려 구하기

| ○ | ○ | ○ | ○ | ○ |
| ○ | ○ | ○ | ○ | ○ |

| ○ | ○ | ○ | ○ | ○ |
| ○ | ○ | ○ | △ | △ |

| △ | △ | △ | | |
| | | | | |

➡️ ○의 수와 △의 수의 합은 23이므로 18+5=23입니다.

방법 ③ 수 모형으로 구하기

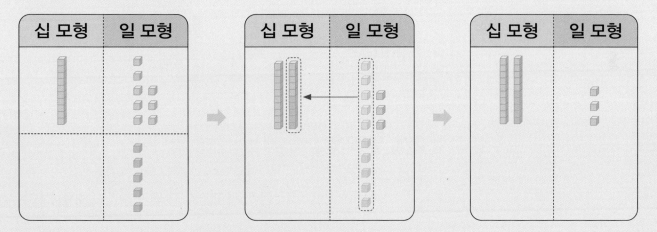

➡️ 십 모형 2개, 일 모형 3개는 23이므로 18+5=23입니다.

1 수 모형을 보고 □ 안에 알맞은 수를 써넣으세요.

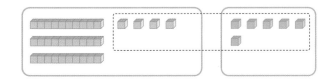

34+6= ☐

1 사과는 모두 몇 개인지 구해 보세요.

식 _____

방법❶ 이어 세기로 구하기

16 17 18 □ □ □ □

16부터 □ 만큼 이어 세면 □ 입니다.

방법❷ 수 모형으로 구하기

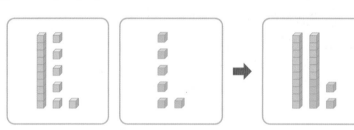

십 모형 2개, 일 모형 □ 개는 □ 입니다.

답 사과는 모두 □ 개입니다.

2 계산해 보세요.

(1) 13+8= □

(2) 5+25= □

(3) 4+27= □

(4) 39+6= □

3 두 수의 합이 더 작은 쪽에 ○표 하세요.

| 37+5 | 9+32 |

4 대화를 읽고, 물음에 답해 보세요.

난 귤을 22개 땄어!

난 9개를 땄어.

혜인

주형

(1) 혜인이와 주형이가 딴 귤은 모두 몇 개인지 구해 보세요.

식 _____   답 _____

(2) 수 카드 $\boxed{24}$, $\boxed{8}$ 을 이용하여 덧셈 문제를 완성하고 해결해 보세요.

문제

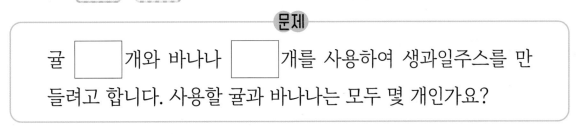

귤 ☐ 개와 바나나 ☐ 개를 사용하여 생과일주스를 만들려고 합니다. 사용할 귤과 바나나는 모두 몇 개인가요?

식 _____   답 _____

1 선으로 연결된 두 수의 합을 빈칸에 써넣으세요.

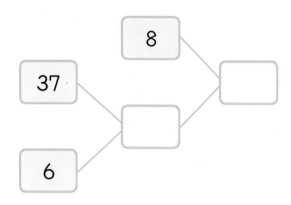

2 붙임딱지를 경민이는 26장, 현준이는 9장 모았습니다. 두 친구가 모은 붙임딱지는 모두 몇 장인지 구해 보세요.

(   )

 # 여러 가지 방법으로 덧셈을 해 볼까요(2)

✏️ **28+18을 여러 가지 방법으로 계산하기**

방법❶ 가르기하여 구하기

28+18=46 ➡ 18을 10과 8로 가르기하여 28에 10을 먼저 더하고
8을 더하면 46이므로 28+18=46입니다.

10 8

방법❷ 더해지는 수와 더하는 수를 다르게 나타내 구하기

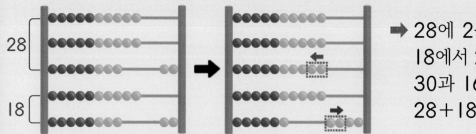

➡ 28에 2를 더해 30을 만들고,
18에서 2를 빼어 16을 만들어
30과 16을 더하면 46이므로
28+18=46입니다.

방법❸ 수 모형으로 구하기

십 모형	일 모형

➡ 십 모형 4개, 일 모형 6개는 46이므로 28+18=46입니다.

 **개념 확인하기**

1 ☐ 안에 알맞은 수를 써넣으세요.

(1) 34+19= ☐

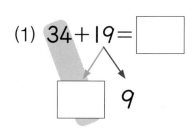

☐   9

(2) 15+27= ☐

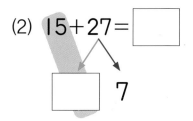

☐   7

1 19+18을 계산해 보세요.

방법❶ 더해지는 수와 더하는 수를 다르게 나타내 구하기

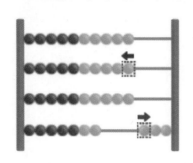

$$19+18 = 19+1+18 - \boxed{}$$

$$= 20 + \boxed{} = \boxed{}$$

방법❷ 수 모형으로 구하기

십 모형	일 모형	십 모형	일 모형

```
    1  9
 +  1  8
 ┌──┬──┐
 └──┴──┘
```

답 19+18 = ☐

2 계산해 보세요.

(1) 17+27

(2)
```
    3  9
 +  2  3
─────────
```

3 계산 결과가 같은 것끼리 이어 보세요.

29+14 ·   · 13+28

22+19 ·   · 16+27

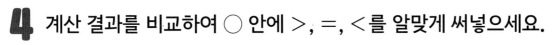 바른 답 17쪽

4 계산 결과를 비교하여 ◯ 안에 >, =, <를 알맞게 써넣으세요.

$$35+25 \bigcirc 14+48$$

5 창기는 고구마를 36개 캤고, 해민이는 18개 캤습니다. 두 친구가 캔 고구마는 모두 몇 개인지 구해 보세요.

식 _____   답 _____

6 ☐ 안에 알맞은 수를 써넣어 글을 완성해 보세요.

나는 어제까지 엽서를 16장 모았고 동생은 37장 모았어. 나와 동생이 모은 엽서는 모두 ☐ 장이야.

♥ 바른 답 17쪽

1 계산 결과가 34＋28과 같은 덧셈을 찾아 기호를 써 보세요.

> ㉠ 44＋19
> ㉡ 26＋36
> ㉢ 35＋37

(   )

2 세 친구가 한 줄넘기 횟수를 나타낸 것입니다. 줄넘기를 가장 많이 한 친구와 가장 적게 한 친구의 줄넘기 횟수의 합은 몇 번인지 구해 보세요.

수애: 34번   경수: 28번   예지: 46번

(   )

03 덧셈을 해 볼까요

 54+63을 계산하기

십 모형	일 모형

백 모형	십 모형	일 모형

백 모형	십 모형	일 모형

```
    5 4              1                  1
  + 6 3            5 4                5 4
  -----          + 6 3              + 6 3
      7           -----              -----
                  1 7                1 1 7
```

① 십의 자리 수끼리의 합이 10이거나 10보다 크면 10을 백의 자리로 받아올림합니다.
② 백의 자리로 받아올림한 1은 그대로 내려 씁니다.

 개념 확인하기

1 □ 안에 알맞은 수를 써넣으세요.

(1)
```
  □
    8 1
  + 2 4
  -------
  □ □ □
```

(2)
```
  □
    3 2
  + 9 3
  -------
  □ □ □
```

(3) 54+83= □

(4) 65+51= □

1 그림을 보고 덧셈을 해 보세요.

(1)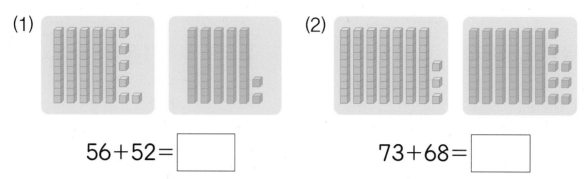

56+52= ☐

(2)

73+68= ☐

2 캥거루가 건너갈 수 있도록 두 수의 합이 같은 돌을 이어 보세요.

90+41

59+62

46+65

78+43

64+57

36+85

3 계산에서 잘못된 곳을 찾아 바르게 고쳐 보세요.

$$
\begin{array}{r}
8\ 5 \\
+\ 4\ 9 \\
\hline
1\ 2\ 4
\end{array}
$$
➡
$$
\begin{array}{r}
8\ 5 \\
+\ 4\ 9 \\
\hline

\end{array}
$$

4 정은이는 3장의 수 카드를 가지고 있습니다. 정은이가 가지고 있는 수 카드 중 한 장을 골라 주어진 계산 결과가 나오도록 완성해 보세요.

정은

$$
\begin{array}{r}
7\ 7 \\
+\ \boxed{}\ 9 \\
\hline
1\ 2\ 6
\end{array}
$$

5 상자에 딸기 맛 사탕이 69개, 포도 맛 사탕이 83개 들어 있습니다. 상자에 들어 있는 사탕은 모두 몇 개인지 구해 보세요.

(   )

1 계산이 잘못된 이유를 쓰고 잘못된 곳을 찾아 바르게 고쳐 보세요.

$$
\begin{array}{r}
5\ 5 \\
+\ 5\ 5 \\
\hline
1\ 0\ 0
\end{array}
$$
➡
$$
\begin{array}{r}
5\ 5 \\
+\ 5\ 5 \\
\hline

\end{array}
$$

이유 _____

_____

2 수 카드 7 , 8 , 9 중에서 2장을 골라 한 번씩만 사용하여 주어진 계산 결과가 나오도록 완성해 보세요.

$$
\begin{array}{r}
6\ \square \\
+\ \square\ 4 \\
\hline
1\ 4\ 3
\end{array}
$$

04 여러 가지 방법으로 뺄셈을 해 볼까요(1)

🐻 22−4를 여러 가지 방법으로 계산하기

방법① 거꾸로 세어 구하기

18 19 20 21 22

➡ 22부터 4만큼 거꾸로 세면
18이므로 22−4=18입니다.

방법② 십 배열판의 그림을 지워 구하기

○	○	○	○	○		○	○	○	○	○		∅	∅			
○	○	○	○	○		○	○	○	∅	∅						

➡ 4만큼 ╱으로 지우면 남는 ○의 수는 18이므로 22−4=18입니다.

방법③ 수 모형으로 구하기

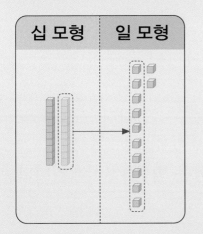

십 모형	일 모형

➡ 십 모형 1개, 일 모형 8개는 18이므로 22−4=18입니다.

 **개념 확인하기**

1 수 모형을 보고 □ 안에 알맞은 수를 써넣으세요.

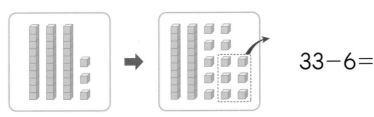

33−6=□

1 누리는 밤 13개 중 7개를 친구에게 나누어 주었습니다. 남은 밤은 몇 개인지 구해 보세요.

식 _____

방법① 거꾸로 세어 구하기

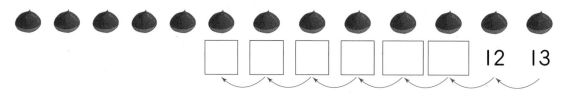

☐ ☐ ☐ ☐ ☐ ☐ 12 13

13부터 ☐ 만큼 거꾸로 세면 ☐ 입니다.

방법② 십 배열판의 그림을 지워 구하기

☐ 만큼 /으로 지우면 남는 ○의 수는 ☐ 입니다.

답 남은 밤은 ☐ 개입니다.

2 계산해 보세요.

(1) $16-7=$ ☐

(2) $26-9=$ ☐

(3) $24-6=$ ☐

(4) $33-8=$ ☐

3 화살 두 개를 던져 맞힌 두 수의 차가 17입니다. 맞힌 두 수에 ○표 하세요.

4 대화를 읽고, 물음에 답해 보세요.

나는 사탕을 32개 가지고 있어.

민호

나는 9개를 가지고 있어.

소희

나는 36개를 가지고 있어.

태형

(1) 민호는 소희보다 사탕을 몇 개 더 많이 가지고 있는지 구해 보세요.

식 _____   답 _____

(2) 수 카드 36 , 7 을 이용하여 뺄셈 문제를 완성하고 해결해 보세요.

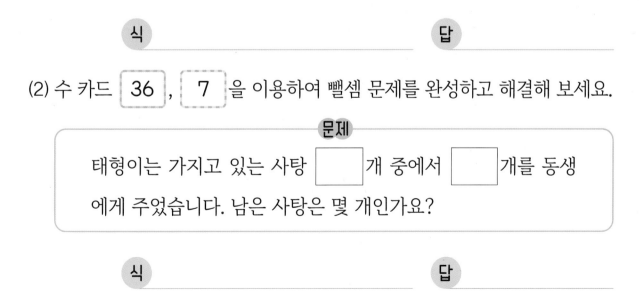

문제

태형이는 가지고 있는 사탕 ☐ 개 중에서 ☐ 개를 동생에게 주었습니다. 남은 사탕은 몇 개인가요?

식 _____   답 _____

1 주어진 수 중에서 두 수를 골라 뺄셈식을 완성해 보세요.

| 7 | 3 | 9 | 21 | 10 |

$\boxed{} - \boxed{} = 18$

2 공원에 어린이가 34명 있었습니다. 잠시 후 어린이 8명이 집으로 돌아갔다면 공원에 남아 있는 어린이는 몇 명인가요?

(   )

 여러 가지 방법으로 뺄셈을 해 볼까요(2)

🦴 40−17을 여러 가지 방법으로 계산하기

방법① 가르기하여 구하기

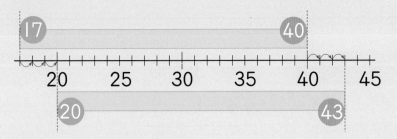

40−17=23 ➡ 17을 10과 7로 가르기하여 40에서 10을 먼저 빼고
7을 빼면 23이므로 40−17=23입니다.

방법② 빼어지는 수와 빼는 수를 다르게 나타내 구하기

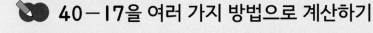

➡ 수 막대에서 40을 3만큼 밀면 43, 17을 3만큼 밀면 20입니다. 43−20=23이므로 40−17=23입니다.

방법③ 수 모형으로 구하기

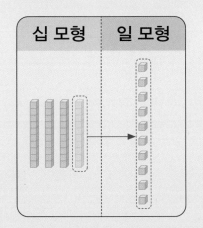 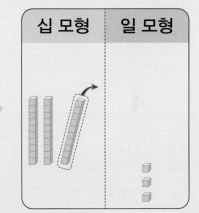

➡ 십 모형 2개, 일 모형 3개는 23이므로 40−17=23입니다.

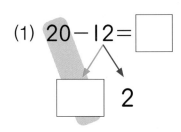 **확인하기**

1 □ 안에 알맞은 수를 써넣으세요.

(1) 20−12= □

2

(2) 50−27= □

7

1 30−17을 계산해 보세요.

방법❶ 빼어지는 수와 빼는 수를 다르게 나타내 구하기

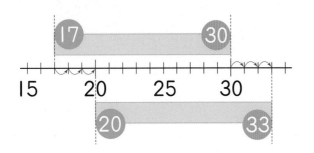

$$30-17=33-\boxed{}=\boxed{}$$

방법❷ 수 모형으로 구하기

십 모형	일 모형

십 모형	일 모형

```
    3  0
 −  1  7
 ┌──┬──┐
 │  │  │
 └──┴──┘
```

답 $30-17=\boxed{}$

2 계산해 보세요.

(1) $40-12$

(2)
```
    5  0
 −  3  3
```

3 계산 결과가 같은 것끼리 이어 보세요.

70−34	·	·	50−14

60−22	·	·	80−42

4 계산 결과가 25보다 큰 풍선을 모두 찾아 색칠해 보세요.

40-29   60-31   50-28   70-42

5 광현이는 초콜릿을 40개 가지고 있습니다. 수민이에게 16개를 주면 광현이에게 남는 초콜릿은 몇 개인지 구해 보세요.

식 _____   답 _____

6 수지의 일기입니다. □ 안에 알맞은 수를 써넣어 일기를 완성해 보세요.

△월 ☆일 □요일   날씨 ☀ ☁ 🌧 ❄

나는 환경 보호 활동으로 쓰레기 줍기 활동을 하기로 했다. 이번 달 30일 중 16일은 실천하였고 [   ]일은 실천하지 못하였다. 다음 달에는 더 열심히 실천해야겠다.

♥ 바른 답 20쪽

1 동주와 은성이는 40−26을 여러 가지 방법으로 계산하려고 합니다. 계산 방법을 바르게 말한 친구의 이름을 써 보세요.

> 동주: 40에서 20을 먼저 빼고 6을 더 빼서 계산해야 해.
> 은성: 40을 44로, 26을 22로 나타내어 44에서 22를 빼면 돼.

(   )

2 계산 결과가 큰 것부터 차례대로 글자를 썼을 때 완성되는 단어를 써 보세요.

50−24	구
60−33	고
40−22	마

(   )

빨셈을 해 볼까요

🖊 52−25를 계산하기

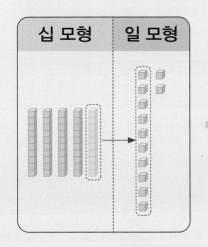
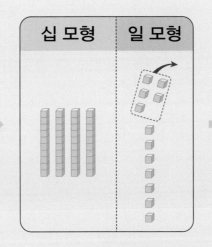
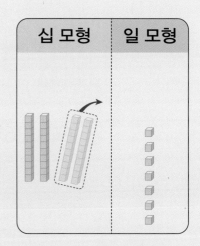

> ① 일의 자리 수끼리 뺄 수 없으면 십의 자리에서 10을 받아내림합니다.
> ② 일의 자리로 받아내림하고 남은 수에서 십의 자리 수를 뺍니다.

개념 확인하기

1 □ 안에 알맞은 수를 써넣으세요.

(1)
```
  □ □
  3̸ 4
−  1 6
  □ □
```

(2)
```
  □ □
  5̸ 6
−  2 7
  □ □
```

(3) 86−48= □

(4) 73−14= □

1 그림을 보고 뺄셈을 해 보세요.

(1)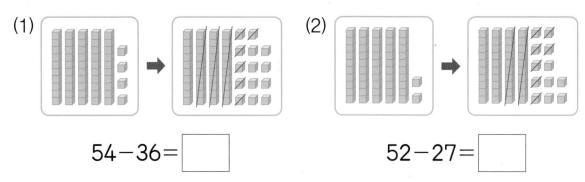

$$54-36=\boxed{}$$

(2)

$$52-27=\boxed{}$$

2 두 수의 차가 같은 것끼리 같은 색으로 칠해 보세요.

44−19   86−28   73−54

63−38

52−33

71−13

❤ 바른 답 21쪽

3 계산에서 잘못된 곳을 찾아 바르게 고쳐 보세요.

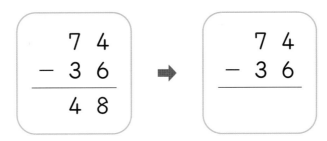

$$\begin{array}{r} 7\ 4 \\ -\ 3\ 6 \\ \hline 4\ 8 \end{array} \quad \Rightarrow \quad \begin{array}{r} 7\ 4 \\ -\ 3\ 6 \\ \hline \end{array}$$

4 왼쪽 수 카드 중 한 장을 골라 주어진 계산 결과가 나오도록 완성해 보세요.

2   3   4

$$\begin{array}{r} 6\ 5 \\ -\ \boxed{}\ 9 \\ \hline 3\ 6 \end{array}$$

5 문구점에 연필이 92자루 있고, 볼펜은 연필보다 26자루 더 적게 있습니다. 이 문구점에 있는 볼펜은 몇 자루인지 구해 보세요.

(   )

1 사각형에 적힌 두 수의 차를 구해 보세요.

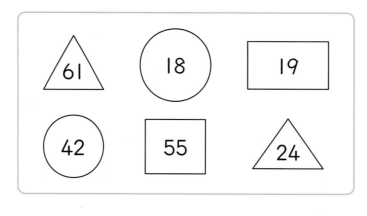

(   )

2 ㉠과 ㉡에 알맞은 수를 각각 구해 보세요.

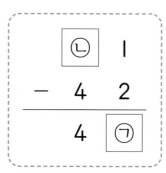

㉠ (   )

㉡ (   )

세 수의 계산을 해 볼까요

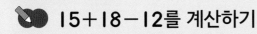

🖊 **15+18-12를 계산하기**

$$15+18-12=21$$

- ① 33
- ② 21

$$\begin{array}{r} 1\ 5 \\ +1\ 8 \\ \hline 3\ 3 \end{array}$$

$$\begin{array}{r} 3\ 3 \\ -1\ 2 \\ \hline 2\ 1 \end{array}$$

🖊 **53-26+19를 계산하기**

$$53-26+19=46$$

- ① 27
- ② 46

$$\begin{array}{r} 5\ 3 \\ -2\ 6 \\ \hline 2\ 7 \end{array}$$

$$\begin{array}{r} 2\ 7 \\ +1\ 9 \\ \hline 4\ 6 \end{array}$$

계산 순서를 바꿔서 계산하면 절대 안돼!

세 수의 계산은 앞에서부터 두 수씩 차례대로 계산합니다.

개념 확인하기

1 계산 순서를 바르게 나타낸 것에 ○표 하세요.

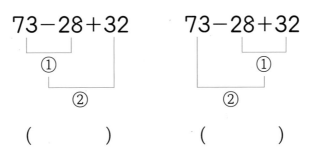

$$73-28+32$$
- ①
- ②

$$73-28+32$$
- ①
- ②

(　　　)　　　　(　　　)

2 □ 안에 알맞은 수를 써넣으세요.

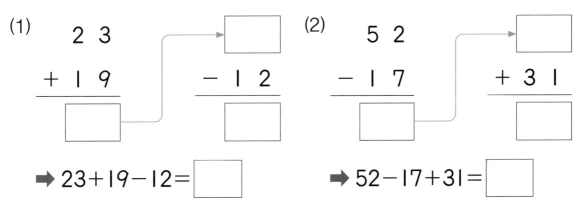

(1)
$$\begin{array}{r} 2\ 3 \\ +1\ 9 \\ \hline \ \end{array}$$
$$\begin{array}{r} \\ -1\ 2 \\ \hline \ \end{array}$$

(2)
$$\begin{array}{r} 5\ 2 \\ -1\ 7 \\ \hline \ \end{array}$$
$$\begin{array}{r} \\ +3\ 1 \\ \hline \ \end{array}$$

➡ 23+19-12=□　　　　➡ 52-17+31=□

1 □ 안에 알맞은 수를 써넣으세요.

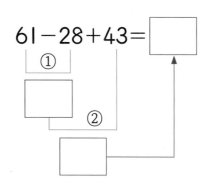

$$61 - 28 + 43 = \boxed{}$$

①

②

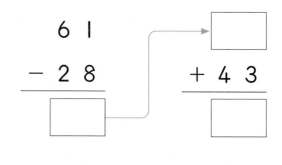

$$\begin{array}{r} 6\ 1 \\ -\ 2\ 8 \\ \hline \end{array} \quad \begin{array}{r} \\ +\ 4\ 3 \\ \hline \end{array}$$

2 계산해 보세요.

(1) $37 + 15 - 17 = \boxed{}$

(2) $50 - 22 + 18 = \boxed{}$

3 민재가 집에 가려고 합니다. 민재의 집은 길을 따라갔을 때 계산 결과가 더 큰 곳입니다. □ 안에 계산 결과를 써넣고, 민재의 집에 ○표 하세요.

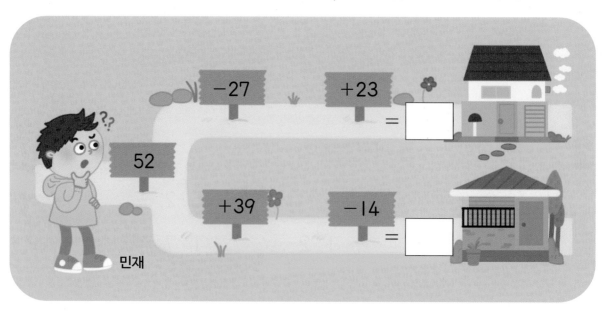

❤ 바른답 22쪽

4 버스에 47명이 타고 있었는데 다음 정류장에서 12명이 타고, 25명이 내렸습니다. 지금 버스에 타고 있는 사람은 몇 명인지 구해 보세요.

식 _____

답 _____

5 계산 결과가 더 큰 친구의 이름을 써 보세요.

21에 19를 더하고 14를 뺐어.

25에서 16을 빼고 24를 더했어.

지환

수미

(_____)

6 수 카드에 적힌 세 수를 이용하여 계산 결과가 가장 큰 세 수의 계산식을 만들려고 합니다. □ 안에 알맞은 수를 써넣으세요.

| 29 | 33 | 11 |

33+□−□=□

1 어머니의 나이는 44살입니다. 성희는 어머니보다 35살 적고 오빠는 성희보다 3살 더 많습니다. 오빠의 나이는 몇 살인지 구해 보세요.

(   )

2 가장 큰 수와 가장 작은 수를 더한 값에서 나머지 수를 뺀 값을 구해 보세요.

| 43 | 27 | 39 |

(   )

덧셈과 빨셈의 관계를 식으로 나타내 볼까요

덧셈식을 뺄셈식으로 나타내기

11	6

17

$$11+6=17$$

$$17-11=6$$
$$17-6=11$$

➡ 덧셈식은 2개의 뺄셈식으로 나타낼 수 있습니다.

뺄셈식을 덧셈식으로 나타내기

17

9	8

$$17-9=8$$

$$9+8=17$$
$$8+9=17$$

➡ 뺄셈식은 2개의 덧셈식으로 나타낼 수 있습니다.

1 그림을 보고 ☐ 안에 알맞은 수를 써넣으세요.

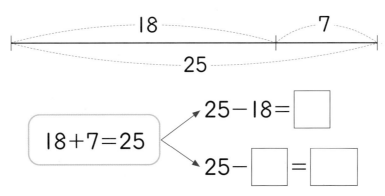

$$18+7=25$$

$$25-18=\boxed{}$$

$$25-\boxed{}=\boxed{}$$

2 그림을 보고 ☐ 안에 알맞은 수를 써넣으세요.

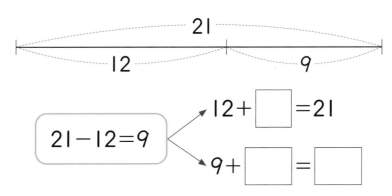

$$21-12=9$$

$$12+\boxed{}=21$$

$$9+\boxed{}=\boxed{}$$

1 그림을 보고 덧셈식과 뺄셈식으로 나타내 보세요.

(1)

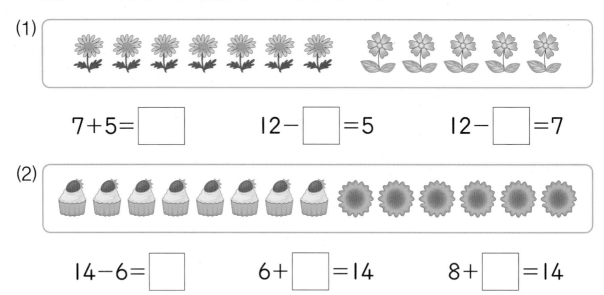

$7+5=\boxed{}$ $12-\boxed{}=5$ $12-\boxed{}=7$

(2)

$14-6=\boxed{}$ $6+\boxed{}=14$ $8+\boxed{}=14$

2 덧셈식을 뺄셈식으로 나타내 보세요.

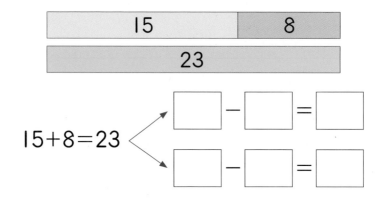

15	8

23

$15+8=23$ ⟨ $\boxed{}-\boxed{}=\boxed{}$

$\boxed{}-\boxed{}=\boxed{}$

3 뺄셈식을 덧셈식으로 나타내 보세요.

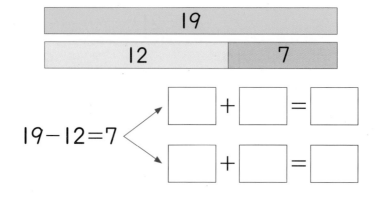

19

12	7

$19-12=7$ ⟨ $\boxed{}+\boxed{}=\boxed{}$

$\boxed{}+\boxed{}=\boxed{}$

♥ 바른 답 23쪽

4 ☐ 안에 알맞은 수를 써넣으세요.

(1)

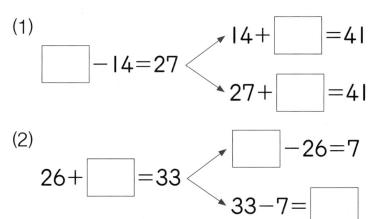

☐ $-14=27$

$14+$ ☐ $=41$

$27+$ ☐ $=41$

(2)

$26+$ ☐ $=33$

☐ $-26=7$

$33-7=$ ☐

5 세 수를 이용하여 뺄셈식을 만들고 덧셈식으로 나타내 보세요.

(1)

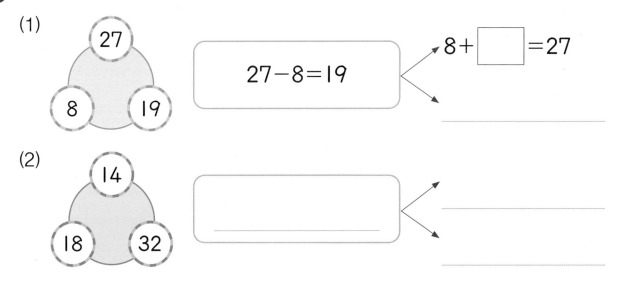

27

8   19

$27-8=19$

$8+$ ☐ $=27$

_____

(2)

14

18   32

_____

_____

_____

6 수 카드 3장을 한 번씩만 사용하여 덧셈식을 만들고, 만든 덧셈식을 뺄셈식으로 나타내 보세요.

16   44   28

덧셈식 _____

뺄셈식 _____

뺄셈식 _____

1 ㉠과 ㉡에 알맞은 수를 각각 구해 보세요.

$34 + ㉠ = 51$

➡ $51 - ㉡ = 17$

㉠ (   )

㉡ (   )

2 공에 적힌 수 중 세 수를 골라 한 번씩만 사용하여 뺄셈식을 만들고, 만든 뺄셈식을 덧셈식으로 나타내 보세요.

38   62   24   14

덧셈식 _____

뺄셈식 _____

덧셈식 _____

 **□가 사용된 식을 만들고 □의 값을 구해 볼까요**

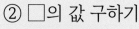 **□가 사용된 덧셈식을 만들고 □의 값 구하기**

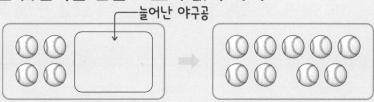

늘어난 야구공

① 늘어난 야구공의 수를 □로 하여 덧셈식으로 나타내면 4+□=9입니다.
② □의 값 구하기

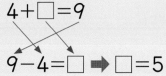

4+□=9

9-4=□ ➡ □=5

덧셈과 뺄셈의 관계를
이용하여 □의 값을 구할 수 있어.

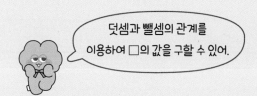

□가 사용된 뺄셈식을 만들고 □의 값 구하기

먹은 바나나

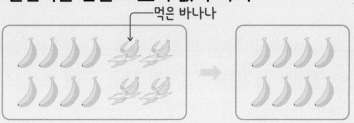

① 먹은 바나나의 수를 □로 하여 뺄셈식으로 나타내면 12-□=8입니다.
② □의 값 구하기

12-□=8

12-8=□ ➡ □=4

 **개념 확인하기**

1 상황에 알맞은 식에 색칠해 보세요.

(1)
사과 6개와 □개를 더하면
사과 11개가 됩니다.

| 6+□=11 | 6+11=□ |

(2)
사탕 13개 중 □개를 먹었
더니 9개가 남았습니다.

| □-13=9 | 13-□=9 |

1 쿠키 9개가 있었는데 몇 개를 더 사 왔더니 15개가 되었습니다. 더 사 온 쿠키의 수를 □로 하여 덧셈식을 만들고, □의 값을 구해 보세요.

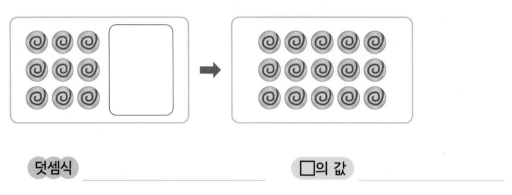

덧셈식 _____   □의 값 _____

2 체리 21개가 있었는데 몇 개를 먹었더니 12개가 남았습니다. 먹은 체리의 수를 □로 하여 뺄셈식을 만들고, □의 값을 구해 보세요.

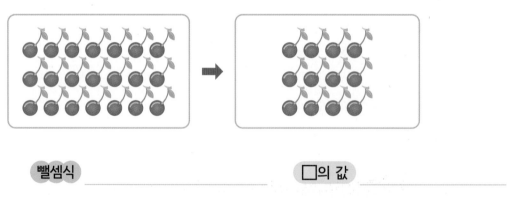

뺄셈식 _____   □의 값 _____

3 □를 사용하여 그림에 알맞은 뺄셈식을 만들고, □의 값을 구해 보세요.

19	
□	6

뺄셈식 _____   □의 값 _____

♥ 바른 답 24쪽

4 ☐ 안에 들어갈 수가 같은 것끼리 이어 보세요.

$8 +$  $= 11$ ·

· $17 -$  $= 8$

$4 + \boxed{} = 13$ ·

· $13 - \boxed{} = 10$

5 왼손에 있는 공깃돌은 7개입니다. 양손에 있는 공깃돌은 모두 12개일 때 오른손에 쥐고 있는 공깃돌의 수를 ☐로 하여 덧셈식을 만들고, ☐의 값을 구해 보세요.

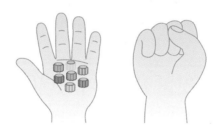

덧셈식 _____

☐의 값 _____

6 풍선 14개 중에서 몇 개의 풍선이 터져 6개가 남았습니다. 터진 풍선의 수를 ☐로 하여 뺄셈식을 만들고, ☐의 값을 구해 보세요.

뺄셈식 _____

☐의 값 _____

1 소희의 나이는 9살이고, 소희와 소희 오빠의 나이의 합은 24살입니다. 소희 오빠의 나이는 몇 살인지 □를 사용하여 구해 보세요.

(   )

2 어떤 수에 19를 더할 것을 잘못하여 뺐더니 53이 되었습니다. 어떤 수를 구해 보세요.

(   )

1 계산해 보세요.

(1) 35+7

(2) $\begin{array}{r} 2\ 8 \\ +\ 3\ 3 \\ \hline \end{array}$

(3) $\begin{array}{r} 5\ 7 \\ +\ 7\ 5 \\ \hline \end{array}$

(4) 41-8

(5) $\begin{array}{r} 8\ 0 \\ -\ 2\ 6 \\ \hline \end{array}$

(6) $\begin{array}{r} 7\ 4 \\ -\ 4\ 6 \\ \hline \end{array}$

2 계산해 보세요.

(1) 25+18-11=☐

(2) 30-12+18=☐

(3) 13+57-29=☐

(4) 52-34+45=☐

3 그림에 알맞은 뺄셈식을 만들고, 뺄셈식을 덧셈식으로 나타내 보세요.

| 34 |
| 15 | 19 |

34-15=☐ ＜ ☐ + ☐ = ☐
              ☐ + ☐ = ☐

4 두 수의 합과 차를 각각 구해 보세요.

합 (   )

차 (   )

5 계산 결과가 더 큰 것의 기호를 써 보세요.

ㄱ 39+45   ㄴ 22+58

(   )

6 그림을 보고 물음에 답해 보세요.

(1) 새로 핀 꽃의 수를 □로 하여 덧셈식을 만들고, □의 값을 구해 보세요.

덧셈식 _____   □의 값 _____

(2) 시든 꽃의 수를 □로 하여 뺄셈식을 만들고, □의 값을 구해 보세요.

뺄셈식 _____   □의 값 _____

7 냉장고에 토마토가 34개, 당근이 18개 있습니다. 사과는 토마토와 당근을 합한 것보다 27개 더 적게 있을 때 사과는 몇 개 있는지 구해 보세요.

(   )

8 문제를 해결하여 암호를 완성해 보세요.

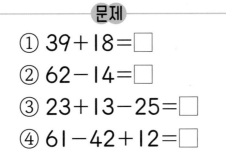

문제

① $39+18=\square$
② $62-14=\square$
③ $23+13-25=\square$
④ $61-42+12=\square$

답	글자
38	봐
11	내
57	힘
31	자
48	을

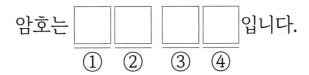

암호는 $\square$ $\square$ $\square$ $\square$ 입니다.
     ①   ②   ③   ④

빠른 개념 찾기

틀린 문제는 개념을 다시 확인해 보세요.

개념	문제 번호
01 여러 가지 방법으로 덧셈을 해 볼까요(1)	1
02 여러 가지 방법으로 덧셈을 해 볼까요(2)	1, 5, 8
03 덧셈을 해 볼까요	1, 4
04 여러 가지 방법으로 뺄셈을 해 볼까요(1)	1
05 여러 가지 방법으로 뺄셈을 해 볼까요(2)	1
06 뺄셈을 해 볼까요	1, 4, 8
07 세 수의 계산을 해 볼까요	2, 7, 8
08 덧셈과 뺄셈의 관계를 식으로 나타내 볼까요	3
09 □가 사용된 식을 만들고 □의 값을 구해 볼까요	6

길이 재기

길이를 비교하는 방법을 알아볼까요

창문의 길이를 비교하기

직접 맞대어 길이를 비교하기 어려울 때는 종이테이프로 물건의 길이만큼 본뜬 다음 서로 맞대어 길이를 비교합니다.

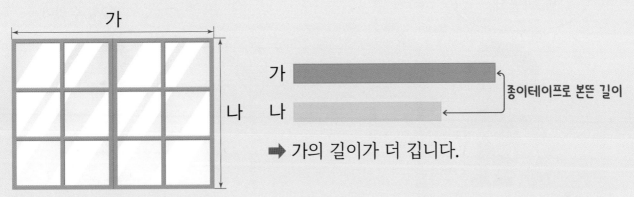

➡ 가의 길이가 더 깁니다.

개념 확인하기

1 ㉠과 ㉡의 길이를 비교해 보세요.

동화책

(1) 알맞은 말에 ○표 하세요.

㉠과 ㉡의 길이를 직접 맞대어 비교할 수 (있습니다 , 없습니다).

(2) ㉠과 ㉡의 길이를 실을 이용하여 본떴습니다. ☐ 안에 알맞은 기호를 써넣으세요.

➡ ☐ 의 길이가 더 깁니다.

1 ㉠과 ㉡의 길이를 비교하려고 합니다. 길이를 비교하는 방법을 바르게 말한 친구의 이름을 써 보세요.

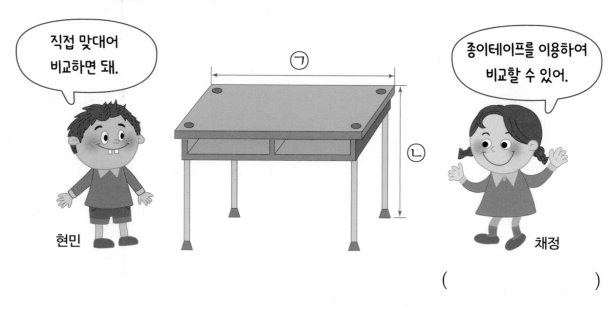

직접 맞대어 비교하면 돼.

현민

종이테이프를 이용하여 비교할 수 있어.

채정

(   )

2 끈을 이용하여 길이를 비교해 보세요.

(1)

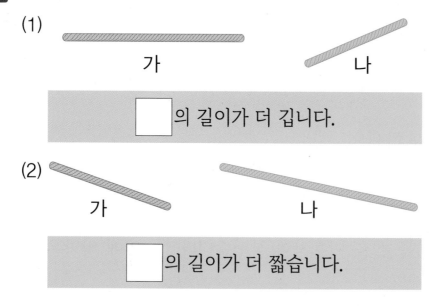

가   나

☐ 의 길이가 더 깁니다.

(2)

가   나

☐ 의 길이가 더 짧습니다.

3 종이테이프로 길이를 비교해 보고, 긴 것부터 차례대로 기호를 써 보세요.

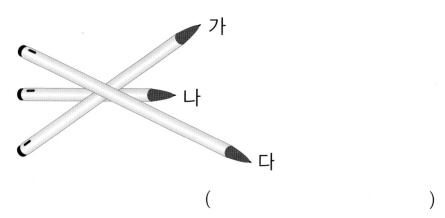

(   )

4 수영장에는 파란색 막대보다 키가 더 큰 사람만 들어갈 수 있습니다. 수영장에 들어갈 수 있는 사람을 찾아 ○표 하세요.

1 길이가 가장 짧은 것을 찾아 기호를 써 보세요.

(   )

2 〈주의〉를 읽고 놀이 기구를 탈 수 없는 친구의 이름을 써 보세요.

〈주의〉

안전을 위해 초록색 막대보다 키가 더 큰 사람만 놀이 기구를 탈 수 있어요.

성주   보경

(   )

여러 가지 단위로 길이를 재어 볼까요

여러 가지 단위 알아보기

① 길이를 잴 때 사용할 수 있는 단위에는 여러 가지가 있습니다.

② 뼘의 종류에는 여러 가지가 있습니다.

여러 가지 단위로 빗의 길이 재기

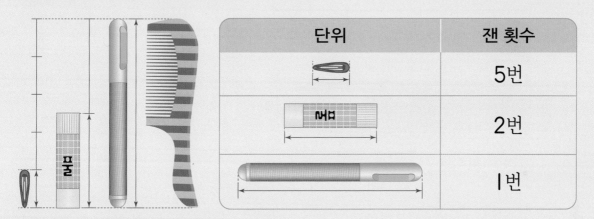

단위	잰 횟수
	5번
	2번
	1번

- 단위의 길이가 길수록 잰 횟수는 적습니다.
- 단위의 길이가 짧을수록 잰 횟수는 많습니다.

1 리코더의 길이는 몇 뼘인지 □ 안에 알맞은 수를 써넣으세요.

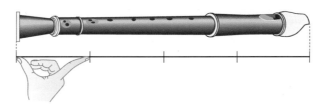

리코더의 길이는 □ 뼘입니다.

1 주어진 단위로 물건의 길이를 재어 보세요.

(1)

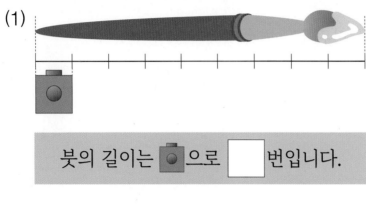

붓의 길이는 📷으로 ☐ 번입니다.

(2)

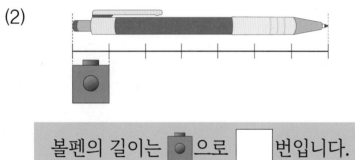

볼펜의 길이는 📷으로 ☐ 번입니다.

2 여러 가지 단위로 책꽂이의 긴 쪽의 길이를 재어 보세요.

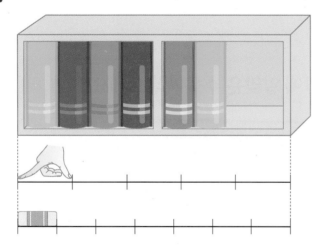

단위	잰 횟수
✋	☐ 번
▭	☐ 번

❤ 바른답 27쪽

3 왼쪽 사물함의 긴 쪽의 길이를 서로 다른 단위로 재었습니다. 잰 횟수가 가장 적은 친구를 찾아 이름을 써 보세요.

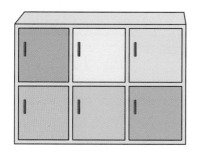

준우: 난 교과서의 긴 쪽으로 재었어.
민경: 난 머리핀으로 재었어.
동희: 난 뼘으로 재었어.

(   )

4 색연필의 길이는 못으로 몇 번인지 써 보세요.

색연필의 길이는 못으로 ☐ 번입니다.

5 수수깡의 길이를 두 가지 물건으로 재어 보고 알맞은 말에 ○표 하세요.

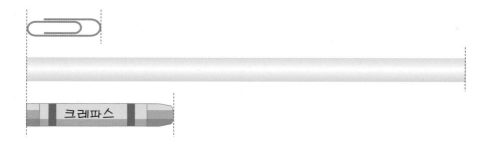

(1) 클립의 길이가 크레파스의 길이보다 더 (짧습니다 , 깁니다).

(2) 클립으로 잰 횟수가 크레파스로 잰 횟수보다 더 (적습니다 , 많습니다).

1 연필과 머리핀으로 텔레비전의 긴 쪽의 길이를 재었습니다. 연필과 머리핀 중에서 잰 횟수가 더 많은 것은 무엇인지 써 보세요.

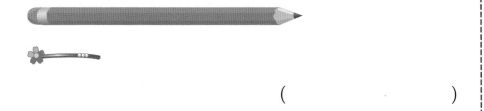

(   )

2 혜지와 태호는 각자의 뼘으로 창문의 긴 쪽의 길이를 재었습니다. 두 친구 중에서 한 뼘의 길이가 더 긴 친구의 이름을 써 보세요.

(   )

03 1 cm를 알아볼까요

뼘의 길이 비교하기

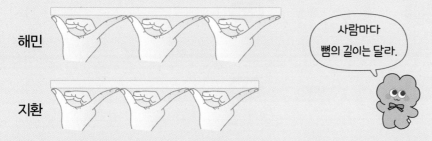

해민

지환

사람마다 뼘의 길이는 달라.

➡ 누가 길이를 재어도 길이를 똑같이 말할 수 있는 일정한 단위가 필요합니다.

1 cm 알아보기

의 길이를 **1 cm** 라 쓰고 1 센티미터라고 읽습니다.

개념 확인하기

1 도영이와 서현이가 실의 길이를 각각 뼘으로 몇 번 재었는지 알아보고, 알맞은 말에 ○표 하세요.

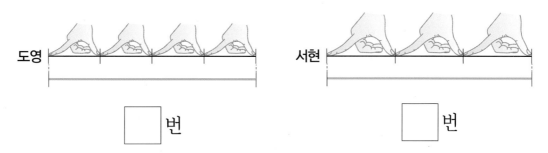

도영

서현

[ ] 번   [ ] 번

➡ 두 친구의 뼘의 길이가 다르므로 실의 길이를 정확히 알 수 (있습니다 , 없습니다).

2 □ 안에 알맞은 수를 써넣으세요.

1 cm가 [ ] 번 ➡ [ ] cm

1 길이를 쓰고 읽어 보세요.

(1) | 1 cm | **쓰기** 1 cm **읽기** (   )

(2) | 3 cm | **쓰기** 3 cm **읽기** (   )

(3) | 5 cm | **쓰기** 5 cm **읽기** (   )

2 ☐ 안에 알맞은 수를 써넣으세요.

(1) 4 cm는 1 cm가 ☐ 번입니다.

(2) 1 cm가 7번이면 ☐ cm입니다.

(3) 1 cm가 ☐ 번이면 10 cm입니다.

3 주어진 길이만큼 점선을 따라 선을 그어 보세요.

(1) | 2 cm | 1 cm

(2) | 4 cm |

(3) | 8 cm |

❤ 바른답 28쪽

4 곰이 꿀을 가지러 빨간색 선을 따라갈 때 곰이 지나간 길은 몇 cm인지 구해 보세요.

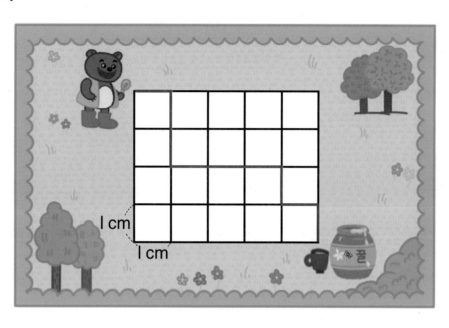

(   )

5 1 cm, 2 cm, 3 cm인 막대가 있습니다. 이 막대들을 여러 번 사용하여 서로 다른 방법으로 6 cm를 만들어 보세요.

1 cm ■	2 cm ▬	3 cm ▬

(1) 두 가지 색만 사용하여 6 cm를 서로 다른 방법으로 만들어 보세요.

6 cm

6 cm

(2) 세 가지 색을 모두 사용하여 6 cm를 만들어 보세요.

6 cm

1 그림에서 초록색 선의 전체 길이는 몇 cm인지 구해 보세요.

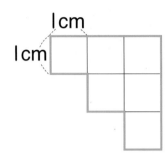

(   )

2 모양과 크기가 같은 콩으로 포크의 길이를 재었습니다. 포크의 길이가 10 cm일 때 콩 1개의 길이는 몇 cm인지 구해 보세요.

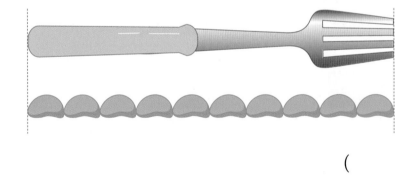

(   )

자로 길이를 재는 방법을 알아볼까요

자의 눈금 0에 맞추어 길이 재기

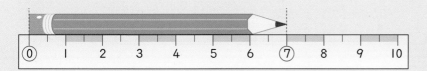

① 연필의 한쪽 끝을 자의 눈금 0에 맞춥니다.
② 연필의 다른 쪽 끝에 있는 자의 눈금을 읽습니다.
➡ 연필의 길이는 7cm입니다.

자의 눈금 0에 맞추지 않고 길이 재기

① 지우개의 한쪽 끝을 자의 한 눈금에 맞춥니다.
② 지우개의 한쪽 끝에서 다른 쪽 끝까지 1cm가 몇 번 들어가는지 셉니다.
➡ 지우개의 길이는 4cm입니다.

개념 확인하기

1 막대의 길이를 자로 바르게 잰 것을 찾아 ○표 하세요.

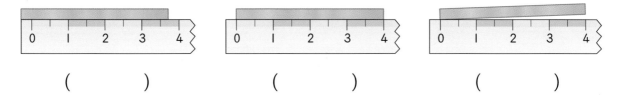

(   )   (   )   (   )

2 면봉의 길이는 몇 cm인지 알아보세요.

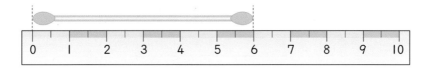

면봉의 한쪽 끝을 자의 눈금 0에 맞추고 면봉의 다른 쪽 끝에 있는 자의 눈금을 읽으면 [   ]입니다. ➡ 면봉의 길이는 [   ]cm입니다.

1 길이를 쓰고 읽어 보세요.

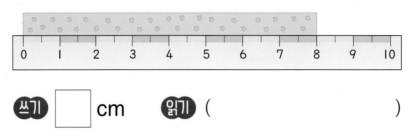

쓰기 ☐ cm   읽기 (   )

2 자로 길이를 재어 보세요.

(1) ➡ ☐ cm

(2) 껌 ➡ ☐ cm

3 ☐ 안에 알맞은 수를 써넣으세요.

(1)

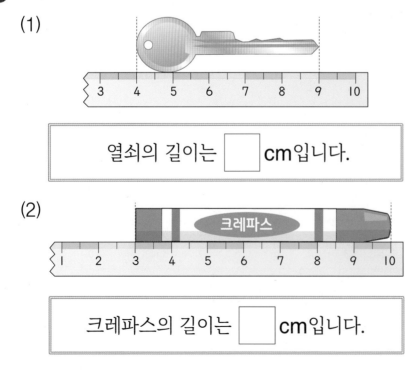

열쇠의 길이는 ☐ cm입니다.

(2)

크레파스의 길이는 ☐ cm입니다.

❤ 바른 답 29쪽

4 주어진 길이만큼 점선을 따라 선을 그어 보세요.

(1) 3 cm

(2) 10 cm

5 수정테이프의 길이를 구하려고 합니다. ☐ 안에 알맞은 수를 써넣으세요.

수정테이프의
길이는 몇 cm일까?

1 cm가 ☐ 번이므로

수정테이프의 길이는

☐ cm야.

1 못의 길이가 더 긴 것의 기호를 써 보세요.

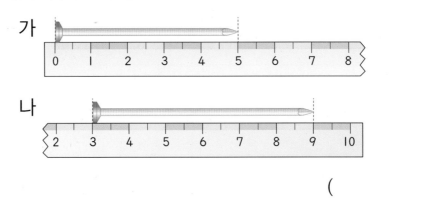

(   )

2 과자의 길이와 같은 길이만큼 점선을 따라 선을 그어 보세요.

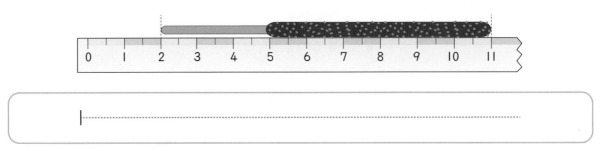

05 자로 길이를 재어 볼까요

🥄 길이가 자의 눈금 사이에 있을 때 길이 재기

길이가 자의 눈금 사이에 있을 때는 눈금과 가까운 쪽에 있는 숫자를 읽으며, 숫자 앞에 약을 붙여 말합니다.

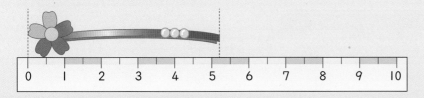

➡ 5 cm와 6 cm 사이에 있고, 5 cm에 가깝기 때문에 약 5 cm입니다.

➡ 8 cm에 가깝지만 2 cm부터 재었기 때문에 약 6 cm입니다.

1 빨대의 길이를 구하려고 합니다. ☐ 안에 알맞은 수를 써넣으세요.

(1)

8 cm와 9 cm 사이에 있고, ☐ cm에 가깝습니다.

➡ 빨대의 길이는 약 ☐ cm입니다.

(2)

9 cm에 가깝지만 ☐ cm부터 재었습니다.

➡ 빨대의 길이는 약 ☐ cm입니다.

1 막대의 길이를 알아보세요.

(1)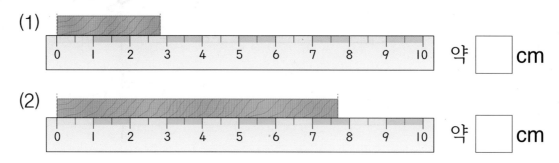

약 ☐ cm

(2)

약 ☐ cm

2 물건의 길이는 약 몇 cm인지 자로 재어 보세요.

(1)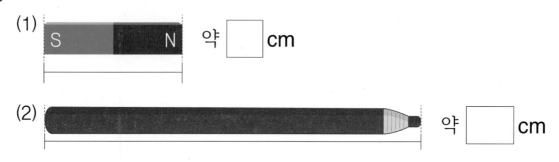

S N

약 ☐ cm

(2)

약 ☐ cm

3 ☐ 안에 알맞은 수를 써넣으세요.

(1)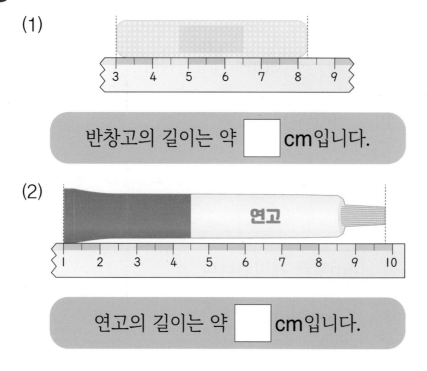

반창고의 길이는 약 ☐ cm입니다.

(2)

연고

연고의 길이는 약 ☐ cm입니다.

♥ 바른답 30쪽

4 길이를 바르게 잰 것에 색칠해 보세요.

(1)
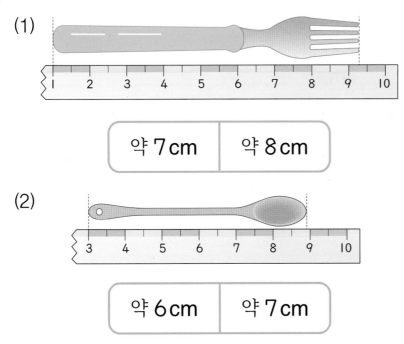

| 약 7 cm | 약 8 cm |

(2)

| 약 6 cm | 약 7 cm |

5 지찬이와 하나가 벌레 인형의 길이를 각각 재었습니다. 길이를 바르게 재는 방법으로 알맞은 말에 ○표 하고, 길이를 바르게 잰 친구의 이름을 써 보세요.

약 8 cm

약 9 cm

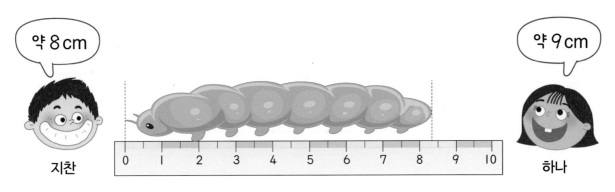

지찬

하나

방법 길이가 자의 눈금 사이에 있을 때는 눈금과 (가까운 , 먼) 쪽에 있는 숫자를 읽어야 합니다.

바르게 잰 친구 (   )

1 삼각형의 세 변의 길이는 각각 약 몇 cm인지 자로 재어 보세요.

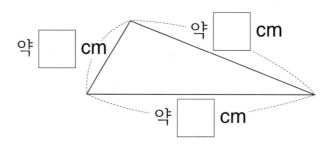

약 ☐ cm

약 ☐ cm

약 ☐ cm

2 나뭇가지의 길이를 바르게 잰 친구를 찾아 이름을 써 보세요.

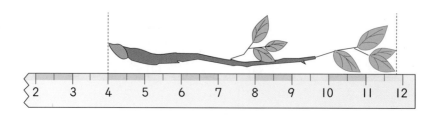

선아: 약 7 cm   호영: 약 8 cm   미영: 약 9 cm

(   )

길이를 어림하고 어떻게 어림했는지 말해 볼까요

길이를 어림하고 자로 재어 확인하기

자를 사용하지 않고 물건의 길이가 얼마쯤인지 어림할 수 있습니다. 어림한 길이를 말할 때는 '약 ☐ cm'라고 합니다.

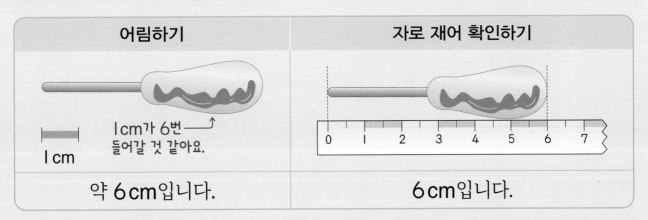

어림하기	자로 재어 확인하기
1 cm가 6번 들어갈 것 같아요.	
약 6 cm입니다.	6 cm입니다.

어림한 길이와 자로 잰 길이의 차가 작을수록 더 가깝게 어림한 것입니다.

1 연결 모형의 길이는 1 cm입니다. 물건의 길이를 어림해 보세요.

(1)

연결 모형이 ☐ 번 정도 들어갑니다. ➡ 옷핀의 길이: 약 ☐ cm

(2)

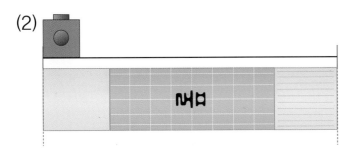

연결 모형이 ☐ 번 정도 들어갑니다. ➡ 풀의 길이: 약 ☐ cm

1 주어진 길이를 어림하여 점선을 따라 선을 그어 보세요.

(1) 1 cm

(2) 2 cm

(3) 8 cm

2 인형들의 길이를 어림하고 자로 재어 확인해 보세요.

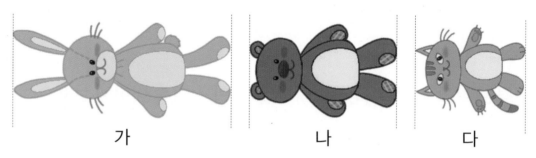

가   나   다

인형	어림한 길이	자로 잰 길이
가	약 ☐ cm	☐ cm
나	약 ☐ cm	☐ cm
다	약 ☐ cm	☐ cm

❤ 바른답 31쪽

3 칫솔의 길이를 어림하고 자로 재어 확인해 보세요.

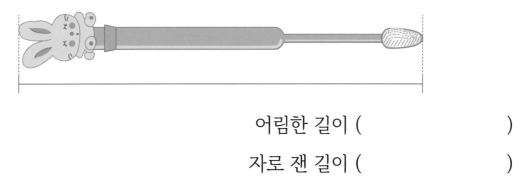

어림한 길이 (   )

자로 잰 길이 (   )

4 실제 길이에 가장 가까운 것을 찾아 이어 보세요.

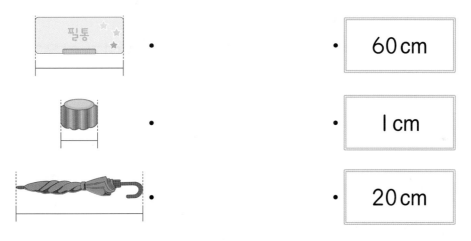

5 세 사람이 약 6 cm를 어림하여 종이테이프를 잘랐습니다. 6 cm에 가장 가깝게 어림한 친구를 찾아 이름을 써 보세요.

민지	
시혁	
은교	

(   )

1 1 cm, 2 cm인 선이 있습니다. 자를 사용하지 않고 5 cm에 가깝게 점선을 따라 선을 그어 보세요.

1 cm ——— 2 cm ———————

2 실제 길이가 12 cm인 형광펜을 예원, 재현, 새연이가 다음과 같이 어림하였습니다. 실제 길이에 가장 가깝게 어림한 친구를 찾아 이름을 써 보세요.

약 9 cm야. 예원

약 14 cm야. 재현

약 11 cm야. 새연

(   )

1 달력의 길이를 비교하여 더 긴 쪽에 ○표 하세요.

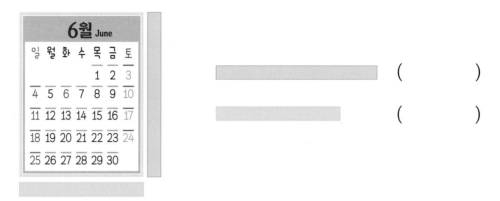

(   )

(   )

2 주어진 길이를 나타내는 것이 아닌 것을 찾아 기호를 써 보세요.

ㄱ 4 cm   ㄴ 3 센티미터   ㄷ 1 cm가 4번

(   )

3 나뭇잎의 길이는 약 몇 cm인지 구해 보세요.

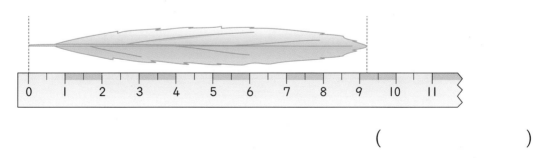

(   )

4 주어진 단위로 필통의 길이를 재어 보세요.

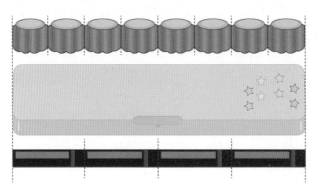

필통의 길이는 공깃돌로 ☐ 번이고, 샤프심 통으로 ☐ 번입니다.

5 한 칸의 길이가 1 cm일 때, 주어진 길이만큼 점선을 따라 선을 그어 보세요.

1 cm가 9번

6 자로 길이를 재어 보세요.

(1) 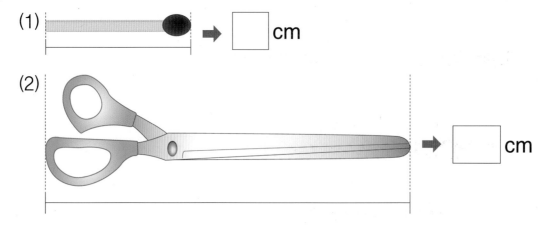 ➡ ☐ cm

(2) ➡ ☐ cm

7 장미의 길이를 ☐ 안에 써넣고, 알맞은 말에 ○표 하세요.

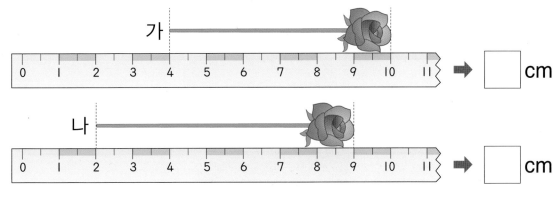

➡ ☐cm

➡ ☐cm

(가 , 나) 장미의 길이가 더 깁니다.

8 당근의 길이를 어림하고, 자로 재어 확인하려고 합니다. 어떻게 어림했는지 설명하고, 자로 잰 길이를 구해 보세요.

설명 _____

_____

자로 잰 길이 (   )

빠른
개념 찾기

틀린 문제는 개념을
다시 확인해
보세요.

개념	문제 번호
01 길이를 비교하는 방법을 알아볼까요	1
02 여러 가지 단위로 길이를 재어 볼까요	4
03 1cm를 알아볼까요	2, 5
04 자로 길이를 재는 방법을 알아볼까요	2, 6, 7
05 자로 길이를 재어 볼까요	3
06 길이를 어림하고 어떻게 어림했는지 말해 볼까요	8

5 분류하기

분류는 어떻게 할까요

옷을 분류할 수 있는 기준 알아보기

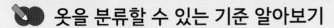

(1) 옷을 편한 옷과 불편한 옷으로 분류하기

편한 옷	불편한 옷

편한 옷과 불편한 옷은 분명하지 않은 기준이야.

➡ 분류하는 사람에 따라 결과가 다를 수 있습니다.

(2) 옷을 색깔별로 분류하기

빨간색 옷	노란색 옷	파란색 옷

색깔은 분명한 기준이야.

➡ 누가 분류를 하더라도 결과가 같습니다.

> 분류할 때는 누가 분류를 하더라도 결과가 같아지는 분명한 기준을 정해야 합니다.

1 옷을 분류하는 기준으로 알맞은 것에 ○표 하세요.

긴바지와 반바지	좋아하는 바지와 좋아하지 않는 바지
(　　　)	(　　　)

1 안경을 분류하려고 합니다. 분류 기준을 알맞게 말한 친구의 이름을 써 보세요.

> 지연: 모양으로 분류하는 것이 좋을 것 같아.
>
> 민수: 멋있는 것과 멋있지 않은 것으로 분류해 볼래.

(   )

2 분류 기준으로 알맞지 않은 것을 찾아 ×표 하세요.

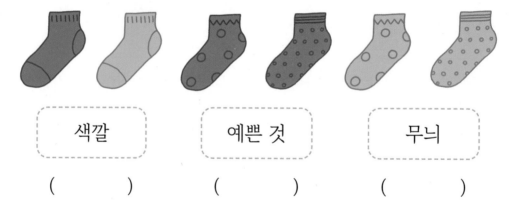

    색깔   예쁜 것   무늬

(   )   (   )   (   )

3 모자를 분류할 수 있는 기준을 써 보세요.

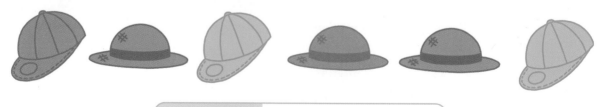

분류 기준

4 가방을 다음과 같이 분류하였습니다. 분류 기준으로 알맞지 않은 이유를 써 보세요.

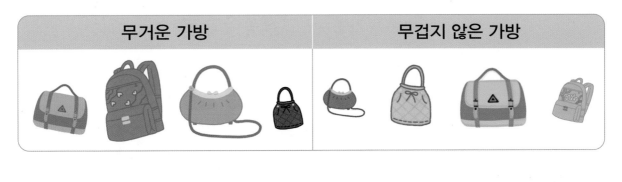

무거운 가방	무겁지 않은 가방

이유 _____

_____

5 우산을 어떻게 분류하면 좋을지 □ 안에 알맞은 분류 기준을 써넣어 이야기를 완성해 보세요.

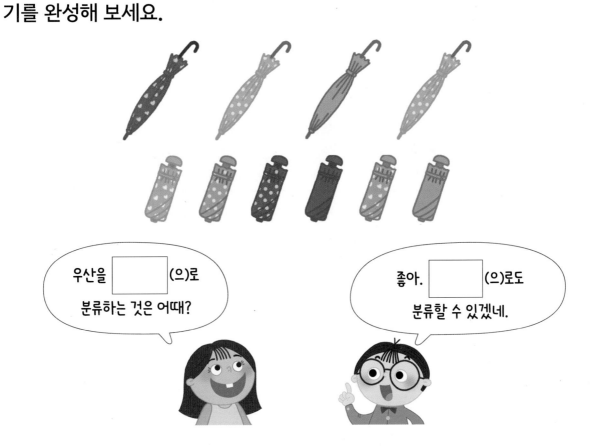

우산을 [ ]　(으)로 분류하는 것은 어때?

좋아. [ ]　(으)로도 분류할 수 있겠네.

❤ 바른 답 33쪽

1 색종이의 분류 기준으로 알맞지 않은 이유를 써 보세요.

| 분류 기준 | 색종이의 크기 |

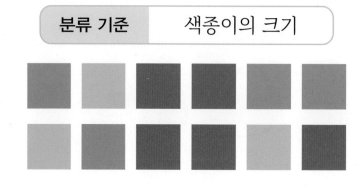

이유 _____

_____

2 칠교판을 분류하려고 합니다. 분류 기준을 알맞게 말한 친구의 이름을 써 보세요.

(   )

02 기준에 따라 분류해 볼까요

🥄 우유를 정해진 기준에 따라 분류하기

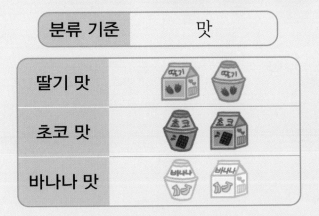

분류할 때는 색깔, 모양, 크기, 맛 등의 분명한 분류 기준을 정하고 그 기준에 따라 분류해야 합니다.

개념 확인하기

1 주어진 기준에 따라 사탕을 분류하여 번호를 써 보세요.

① 〔그림〕 ② 〔그림〕 ③ 〔그림〕 ④ 〔그림〕 ⑤ 〔그림〕 ⑥ 〔그림〕
　↳알 사탕　　↳막대 사탕

(1)

분류 기준	색깔

초록색	보라색
①,	③,

(2)

분류 기준	종류

알 사탕	막대 사탕

1 쿠키를 모양에 따라 분류하고 번호를 써 보세요.

🔲 모양	⬤ 모양	⭐ 모양

2 기준을 정하여 학용품을 분류하고 번호를 써 보세요.

분류 기준

💜 바른 답 34쪽

3 마트에 있는 물건을 기준에 따라 알맞게 분류하려고 합니다. 각각의 코너에 알맞은 물건을 모두 찾아 이어 보세요.

채소 코너   과일 코너   생선 코너

4 분류 놀이를 위해 도깨비 얼굴을 그렸습니다. 기준을 정하여 도깨비 얼굴을 분류하고 칸을 나누어 번호를 써 보세요.

정한 기준에 맞춰 칸을 나누어 보세요.

분류 기준

1 기준을 정하여 자석을 분류해 보세요.

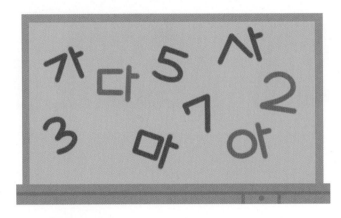

분류 기준

2 신발장에서 잘못 분류된 것이 있습니다. 잘못 분류된 것을 찾아 기호를 쓰고, ☐ 안에 알맞은 말을 써넣으세요.

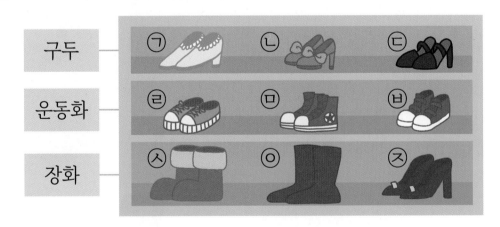

잘못 분류된 것 (   )

잘못 분류된 것을 ☐ 칸으로 옮겨야 합니다.

분류하고 세어 볼까요

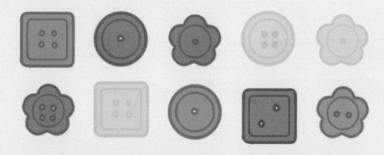

🔘 단추를 분류하고 그 수를 세어 보기

분류 기준	모양

빠뜨리지 않고 모두 세기 위해서 단추의 그림에 O, V, ×, / 등을 표시하면서 세야 해.

모양	▢ 모양	◯ 모양	✿ 모양
세면서 표시하기	////	////	////
단추의 수(개)	3	3	4

1 주어진 기준에 따라 분류하고 그 수를 세어 보세요.

축구공	농구공	배구공	축구공	축구공
농구공	배구공	축구공	배구공	농구공

분류 기준	종류

종류	축구공	농구공	배구공
세면서 표시하기	////	////	////
공의 수(개)	4		

1~2 아이스크림을 기준에 따라 분류해 보세요.

1 주어진 기준에 따라 분류하고 그 수를 세어 보세요.

분류 기준	모양

모양	🍦 모양	🍧 모양
세면서 표시하기	~~////~~ ~~////~~	~~////~~ ~~////~~
아이스크림의 수(개)		

2 기준을 정하여 분류하고 그 수를 세어 보세요.

분류 기준	

아이스크림의 수(개)			

❤ 바른 답 35쪽

3 장난감을 정리하려고 합니다. 주어진 기준에 따라 장난감을 분류하고 그수를 세어 보세요.

분류 기준	종류

종류	인형	블록	로봇
장난감의 수(개)			

4 색종이를 접어서 동물을 만들었습니다. 기준을 정하여 색종이로 접은 동물을 분류하고 그 수를 세어 보세요.

분류 기준	

동물의 수(마리)			

1 물건을 모양에 따라 분류하려고 합니다. 삼각형 모양인 물건은 모두 몇 개인지 구해 보세요.

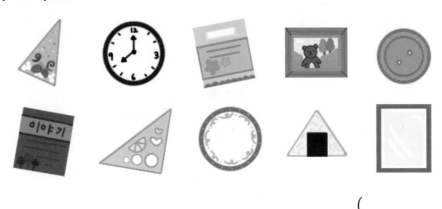

(   )

2 수연이는 여러 종류의 탈것을 그렸습니다. 기준을 정하여 탈것을 분류하고 그 수를 세어 보세요.

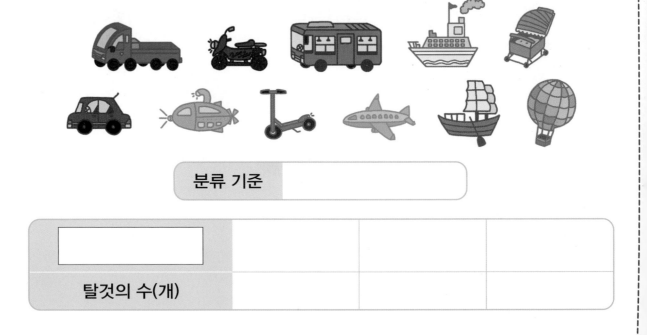

분류 기준	

탈것의 수(개)			

분류한 결과를 말해 볼까요

학생들이 좋아하는 악기를 분류하고 분류한 결과를 말해 보기

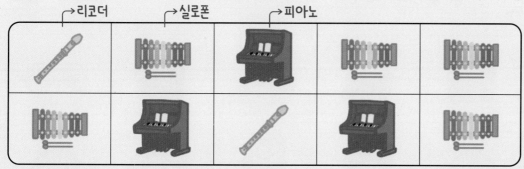

분류 기준	종류

학생 수를 비교하면
5>3>2야.

종류	리코더	실로폰	피아노
학생 수(명)	2	5	3

➡ 가장 많은 학생들이 좋아하는 악기는 실로폰이고, 가장 적은 학생들이 좋아하는 악기는 리코더입니다.

 개념 확인하기

1 분식집에서 오늘 팔린 음식입니다. 정해진 기준에 따라 분류하여 그 수를 세어 보고, 가장 많이 팔린 음식을 ☐ 안에 써넣으세요.

떡볶이	김밥	김밥	라면	김밥	떡볶이
김밥	라면	김밥	떡볶이	떡볶이	김밥

분류 기준	종류

종류	떡볶이	김밥	라면
음식 수(개)	4		

➡ ☐

1~3 진영이네 반 학생들이 생일에 받고 싶은 선물을 조사하였습니다. 물음에 답해 보세요.

1 주어진 기준에 따라 분류하고 그 수를 세어 보세요.

분류 기준	종류

종류	로봇	지갑	인형	게임기
학생 수(명)				

2 가장 많은 학생들이 받고 싶은 선물은 무엇인가요?

(   )

3 가장 적은 학생들이 받고 싶은 선물은 무엇인가요?

(   )

4~6 소희네 반 학생들이 좋아하는 꽃을 화단에 심었습니다. 물음에 답해 보세요.

4 주어진 기준에 따라 분류하고 그 수를 세어 보세요.

분류 기준	색깔

색깔	빨간색	노란색	보라색	흰색
꽃의 수(송이)				

5 화단에 있는 꽃 중 가장 적은 꽃의 색깔은 무엇이고, 몇 송이인가요?

(   ), (   )

6 소희네 학교 앞 꽃집 주인에게 꽃을 더 많이 팔 수 있도록 보내는 편지를 완성해 보세요.

> 안녕하세요?
> 우리 반 친구들이 화단에 가장 많이 심은 꽃의 색깔은 [　　　] 입니다. 그래서
> [　　　] 꽃을 더 준비해 두시면 좋을 것 같습니다. 감사합니다.

1~2 두께가 같은 책을 종류별로 분류하여 크기가 다른 세 개의 책꽂이에 각각 꽂으려고 합니다. 물음에 답해 보세요.

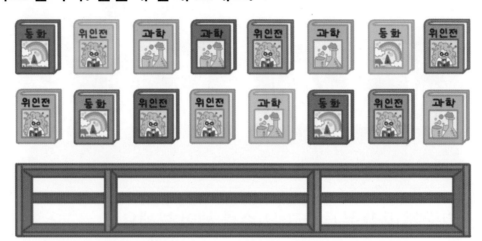

1 주어진 기준에 따라 분류하고 그 수를 세어 보세요.

분류 기준	종류

종류	동화책	위인전	과학책
책의 수(권)			

2 가장 큰 책꽂이에 어떤 종류의 책을 꽂는 것이 좋을지 □ 안에 써넣고, 그 이유를 써 보세요.

가장 큰 책꽂이에 꽂을 책: ☐

이유

단원 마무리하기

1 칭찬 붙임딱지를 분류하려고 합니다. 분류 기준으로 알맞은 것을 모두 찾아 기호를 써 보세요.

| ㉠ 모양 | ㉡ 크기 | ㉢ 내가 좋아하는 것 | ㉣ 색깔 |

(   )

2 준서의 방에 있는 물건들입니다. 모양에 따라 분류하고 번호를 써 보세요.

⬛ 모양	🛢️ 모양	⚪ 모양

3 은솔이네 모둠 친구들이 좋아하는 동물입니다. 다리의 수에 따라 분류하고 그 수를 세어 보세요.

다리의 수	0개	2개	4개
동물의 수(마리)			

4 다음과 같이 젤리를 분류하였습니다. 분류 기준을 써 보세요.

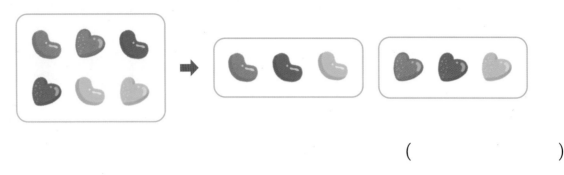

(   )

5 물건을 사용하는 계절에 따라 분류하고 번호를 써 보세요.

사용하는 계절	여름	겨울
번호		

6 진호네 반 친구들이 쓰레기 분리배출을 하려고 합니다. 분류 기준을 종류로 하여 분류하고 그 수를 세어 보세요.

책   과자봉지   우유팩   샴푸통   비닐봉지

음료수 캔   신문지   통조림 캔   우비   페트병

종류	종이	비닐	플라스틱	캔
재활용품의 수(개)				

7~8 서연이네 반 학생들이 소풍으로 가고 싶은 장소를 조사하였습니다. 물음에 답해 보세요.

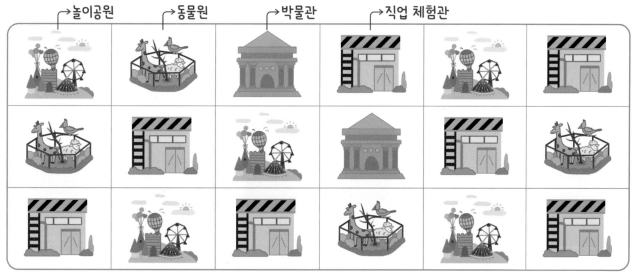

7 주어진 기준에 따라 분류하고 그 수를 세어 보세요.

분류 기준	장소

장소	놀이공원	동물원	박물관	직업 체험관
학생 수(명)				

8 서연이네 반 학생들의 소풍 장소를 어디로 정하면 좋을지 써 보세요.

( )

빠른 개념 찾기

틀린 문제는 개념을 다시 확인해 보세요.

개념	문제 번호
01 분류는 어떻게 할까요	1, 4
02 기준에 따라 분류해 볼까요	2, 5
03 분류하고 세어 볼까요	3, 6
04 분류한 결과를 말해 볼까요	7, 8

6 곱셈

여러 가지 방법으로 세어 볼까요

🍬 사탕은 모두 몇 개인지 여러 가지 방법으로 세어 보기

방법① 하나씩 세어 보기

1	2	3	4	5	6	7	8	9	10

➡ 하나씩 손으로 짚으며 세면 사탕은 모두 10개입니다.

방법② 뛰어 세어 보기

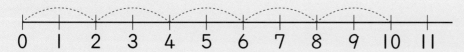

➡ 2씩 뛰어 세면 사탕은 모두 10개입니다.

방법③ 묶어 세어 보기

➡ 2개씩 5묶음이므로 모두 10개입니다.

 **개념 확인하기**

1 초콜릿은 모두 몇 개인지 여러 가지 방법으로 세어 보세요.

(1) 하나씩 세어 보세요.

1	2	3	4	5				

➡ ☐ 개

(2) 3씩 뛰어 세어 보세요.

3 — ☐ — ☐ ➡ ☐ 개

(3) 3개씩 묶어 세어 보세요.

3개씩 ☐ 묶음입니다. ➡ ☐ 개

1 크레파스는 모두 몇 자루인지 세어 보세요.

(1)  ➡ ☐ 자루

(2)  ➡ ☐ 자루

2 스케치북은 모두 몇 권인지 여러 가지 방법으로 세어 보려고 합니다. 물음에 답해 보세요.

(1) 묶어 세어 보세요.

2권씩 ☐ 묶음이고, 7권씩 ☐ 묶음입니다.

(2) 뛰어 세어 보세요.

| 2 | ☐ | ☐ | ☐ | ☐ | ☐ | ☐ | ←2씩 뛰어 세어 보세요.

| 7 | ☐ | ←7씩 뛰어 세어 보세요.

(3) 스케치북은 모두 몇 권인가요?

(   )

3 그림을 보고 ☐ 안에 알맞은 수를 써넣으세요.

8개씩 묶으면 ☐ 묶음이네.
지우개는 모두 몇 개일까?

8, ☐ , ☐ (으)로 세어 볼 수
있어. 지우개는 모두 ☐ 개야.

4 그림을 보고 물음에 답해 보세요.

몇 장의 색종이가 있는 거지?
같은 수로 묶어서 정리해 보자.

몇 장씩 묶어 볼까?

(1) 색종이를 같은 수만큼씩 묶어 보세요.

(2) ☐ 안에 알맞은 수를 써넣으세요.

색종이를 ☐ 장씩 묶었더니 ☐ 묶음이 되었습니다.

➡ 색종이는 모두 ☐ 장입니다.

1 풀은 모두 몇 개인지 세어 보세요.

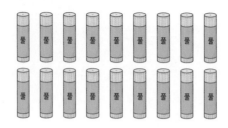

(   )

2 가위는 모두 몇 개인지 세어 보는 방법으로 잘못된 것을 찾아 기호를 써 보세요.

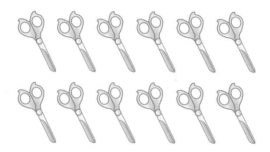

> ㉠ 하나씩 세어 보면 1, 2, 3, ... , 11, 12인 것을 이용합니다.
>
> ㉡ 2개씩 묶으면 5묶음인 것을 이용합니다.
>
> ㉢ 2씩 뛰어 세어 보면 2, 4, 6, 8, 10, 12인 것을 이용합니다.

(   )

 묶어 세어 볼까요

체리의 수를 묶어 세어 보기

방법❶ 4씩 묶어 세기

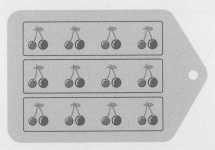

4씩 3묶음

➡ 체리는 모두 12개입니다.

방법❷ 3씩 묶어 세기

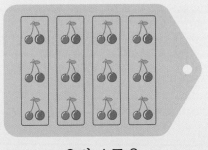

3씩 4묶음

➡ 체리는 모두 12개입니다.

1 귤은 모두 몇 개인지 묶어 세어 보세요.

(1) 5씩 묶어 세어 보세요.

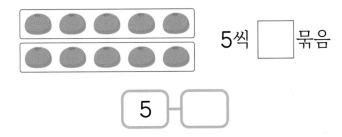

5씩 [　] 묶음

5 — [　]

(2) 2씩 묶어 세어 보세요.

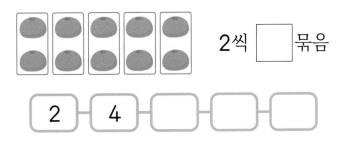

2씩 [　] 묶음

2 — 4 — [　] — [　] — [　]

(3) 귤은 모두 몇 개인가요?

(　　　　　　　)

1 인형은 모두 몇 개인지 묶어 세어 보세요.

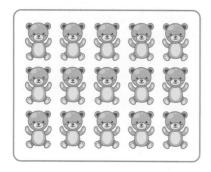

(1) 5씩 몇 묶음인가요?

5씩 ☐ 묶음

(2) 인형은 모두 몇 개인가요?

(   )

2 게임기는 모두 몇 개인지 묶어 세어 보세요.

(1) 4씩 몇 묶음인가요?

4씩 ☐ 묶음

(2) 다른 방법으로 묶으면 몇씩 몇 묶음인가요?

☐ 씩 ☐ 묶음

(3) 게임기는 모두 몇 개인가요?

(   )

3 로봇이 18개 있습니다. 바르게 말한 친구의 이름을 써 보세요.

준수: 로봇을 2개씩 묶으면 9묶음이 됩니다.

은경: 로봇의 수는 4씩 4묶음입니다.

(   )

❤바른 답 39쪽

4 대화를 읽고 □ 안에 알맞은 수를 써넣으세요.

주스의 수는 3씩 □ 줄 또는 8씩 □ 줄이라고 말할 수 있어.

센 방법은 다르지만 주스는 모두 □ 개구나.

5 그림을 보고 물음에 답해 보세요.

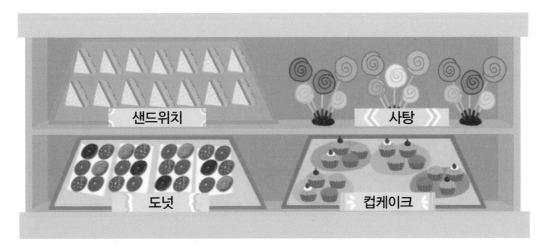

샌드위치

사탕

도넛

컵케이크

(1) 6씩 묶어 셀 수 있는 것을 찾아 이름표에 ○표 하세요.

(2) □ 안에 알맞은 수를 써넣으세요.

사탕을 5개씩 묶으면 □ 묶음이므로 모두 □ 개이고,

컵케이크를 4개씩 묶으면 □ 묶음이므로 모두 □ 개입니다.

♥ 바른 답 39쪽

1 꽃의 수는 몇씩 몇 묶음인지 2가지 방법으로 나타내세요.

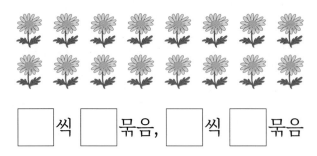

□씩 □묶음, □씩 □묶음

2 민서와 승우가 나비는 모두 몇 마리인지 세어 보고 있습니다. ㉠과 ㉡에 알맞은 수 중 더 큰 수의 기호를 써 보세요.

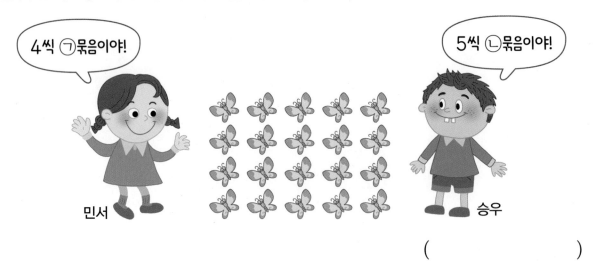

4씩 ㉠묶음이야!

5씩 ㉡묶음이야!

민서

승우

(   )

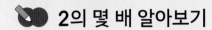

몇의 몇 배를 알아볼까요

2의 몇 배 알아보기

2씩 2묶음 → 2의 2배

2씩 3묶음 → 2의 3배

2씩 4묶음 → 2의 4배

■씩 ▲묶음은 ■의 ▲배입니다.

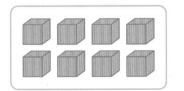

1 쌓기나무를 보고 □ 안에 알맞은 수를 써넣으세요.

쌓기나무의 수는 2씩 □ 묶음입니다.

2 연결 모형을 보고 물음에 답해 보세요.

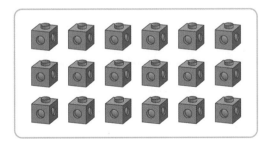

(1) 연결 모형의 수는 6씩 몇 묶음인가요?

(   )

(2) 연결 모형의 수는 6의 몇 배인가요?

(   )

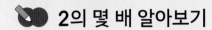

1 그림을 보고 ☐ 안에 알맞은 수를 써넣으세요.

2씩 ☐ 묶음은 2의 ☐ 배입니다.

2 그림을 보고 ☐ 안에 알맞은 수를 써넣으세요.

우산의 수는 ☐ 씩 ☐ 묶음이므로 ☐ 의 ☐ 배입니다.

3 ☐ 안에 알맞은 수를 써넣고, 관계있는 것끼리 이어 보세요.

	4씩 3묶음	2의 ☐ 배
	6씩 ☐ 묶음	6의 4배
	2씩 5묶음	☐ 의 3배

4 그림을 보고 □ 안에 알맞은 수를 써넣으세요.

수박	복숭아	바나나
□씩 □묶음	□씩 □묶음	□씩 □묶음
↓	↓	↓
□의 □배	□의 □배	□의 □배

5 보기와 같이 몇의 몇 배를 이용하여 문장을 만들어 보세요.

보기

➡ 고깔모자가 2의 2배만큼 있습니다.

➡ _____

1 강아지의 수는 몇의 몇 배인지 알아보려고 합니다. ☐ 안에 알맞은 수를 써 넣으세요.

(1) 3씩 ☐ 묶음이므로 ☐ 의 ☐ 배입니다.

(2) 7씩 ☐ 묶음이므로 ☐ 의 ☐ 배입니다.

2 병아리의 수를 잘못 나타낸 것을 찾아 ✕표 하세요.

| 6의 4배 | 3씩 8묶음 | 4의 5배 |

(   )   (   )   (   )

04 몇의 몇 배로 나타내 볼까요

연결 모형의 수를 몇의 몇 배로 나타내기

↳3씩 1묶음

↳3씩 3묶음

노란색 연결 모형이 3묶음 있으면 초록색 연결 모형의 수와 같습니다.

➡ 초록색 연결 모형의 수는 노란색 연결 모형의 수의 **3배**입니다.

1 병호가 가진 사과의 수는 주하가 가진 사과의 수의 몇 배인지 알아보세요.

주하 　　　　　　　　　　　　　　　　　　　병호

(1) 주하가 가진 사과의 수는 2씩 ☐ 묶음이고, 병호가 가진 사과의 수는

2씩 ☐ 묶음입니다.

(2) 병호가 가진 사과의 수는 주하가 가진 사과의 수의 ☐ 배입니다.

2 파란색 막대의 길이는 빨간색 막대의 길이의 몇 배인지 알아보세요.

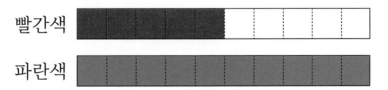

빨간색

파란색

　　파란색 막대의 길이는 빨간색 막대의 길이를 ☐ 번 이어 붙인 것과

같으므로 파란색 막대의 길이는 빨간색 막대의 길이의 ☐ 배입니다.

1 소은이가 가진 공깃돌의 수는 재윤이가 가진 공깃돌 수의 몇 배인지 구해 보세요.

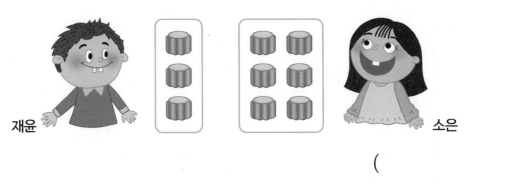

재윤

소은

(   )

2 그림을 보고 □ 안에 알맞은 수를 써넣으세요.

승현

나는 구슬을 4개 가지고 있어.

시영

나는 승현이의 □ 배만큼 구슬을 가지고 있어.

3 딱지의 수를 몇의 몇 배로 나타내 보세요.

2의 □ 배

7의 □ 배

4 그림을 보고 ☐ 안에 알맞은 수를 써넣으세요.

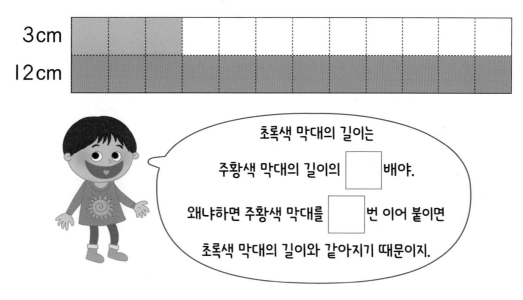

3cm

12cm

초록색 막대의 길이는
주황색 막대의 길이의 ☐ 배야.
왜냐하면 주황색 막대를 ☐ 번 이어 붙이면
초록색 막대의 길이와 같아지기 때문이지.

5 친구들이 쌓은 블록의 수는 지우가 쌓은 블록의 수의 몇 배인지 알아보세요.

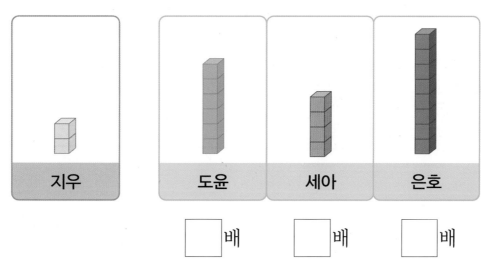

지우   도윤   세아   은호

☐ 배   ☐ 배   ☐ 배

♥ 바른 답 41쪽

1 집게의 수는 클립의 수의 몇 배인지 구해 보세요.

(   )

2 ㉠과 ㉡에 알맞은 수를 각각 구해 보세요.

> • 20은 5의 ㉠배입니다.
> • 16은 8의 ㉡배입니다.

㉠ (   )

㉡ (   )

곱셈을 알아볼까요

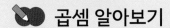 **곱셈 알아보기**

2씩 4묶음

- 2의 4배를 2×4라고 씁니다.
- 2×4는 2 곱하기 4라고 읽습니다.

곱하기 기호는
① ✕ ② 또는
② ✕ ① 로 써.

 **곱셈식 알아보기**

- 2+2+2+2는 2×4와 같습니다.
- 2×4=8
- 2×4=8은 2 곱하기 4는 8과 같습니다라고 읽습니다.
- 2와 4의 곱은 8입니다.

개념 확인하기

1 그림을 보고 □ 안에 알맞은 수를 써넣으세요.

(1) 마카롱의 수는 4씩 □묶음이므로 4의 □배입니다.

(2) 마카롱의 수를 덧셈식으로 나타내면 4+□+□=□입니다.

(3) 마카롱의 수를 곱셈식으로 나타내면 4×□=□입니다.

(4) 마카롱은 모두 □개입니다.

1 그림을 보고 ☐ 안에 알맞은 수를 써넣으세요.

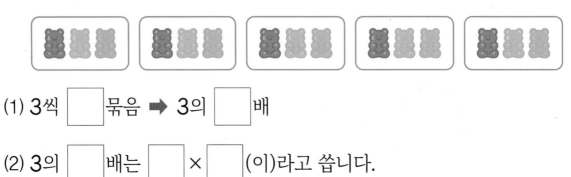

(1) 3씩 ☐ 묶음 ➡ 3의 ☐ 배

(2) 3의 ☐ 배는 ☐ × ☐ (이)라고 씁니다.

2 그림을 보고 ☐ 안에 알맞은 수를 써넣으세요.

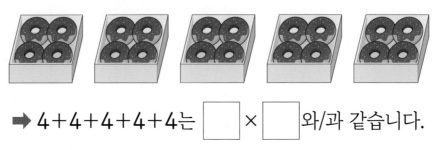

➡ 4+4+4+4+4는 ☐ × ☐ 와/과 같습니다.

3 그림을 보고 ☐ 안에 알맞은 수를 써넣으세요.

4씩 ☐ 묶음, 4의 ☐ 배를 곱셈식으로

나타내면 ☐ × ☐ 입니다.

♥ 바른 답 42쪽

4 그림을 보고 □ 안에 알맞은 수를 써넣으세요.

6+6+6은

6 × □ 와/과 같아.

"6×3=18은 □ 곱하기 □ 은/는 18과 같습니다."라고 읽어.

6과 3의 곱은 □ 이야.

5 그림을 보고 □ 안에 알맞은 수를 써넣으세요.

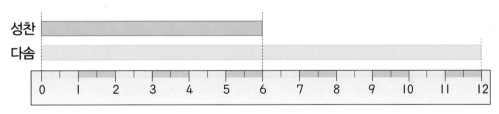

성찬: 자로 길이를 재어 보니 내 파란색 색 테이프는 □ cm야.

다솜: 자로 길이를 재어 보니 내 노란색 색 테이프는 □ cm야.

성찬: □ + □ = □ 이고, 곱셈식으로 나타내면

□ ×2= □ (이)야.

다솜: 그래서 노란색 색 테이프의 길이는 파란색 색 테이프 길이의

□ 배야.

1 관계있는 것끼리 이어 보세요.

2의 8배	·	·	8×3
8+8+8	·	·	2×8
4와 8의 곱	·	·	4×8

2 그림에 대한 설명이 잘못된 것을 찾아 기호를 써 보세요.

ㄱ 사탕의 수를 곱셈으로 나타내면 7×4입니다.
ㄴ 사탕의 수는 7+7+7+7로 나타낼 수 있습니다.
ㄷ 사탕의 수는 7씩 3묶음입니다.
ㄹ '7×4=28은 7 곱하기 4는 28과 같습니다.'라고 읽습니다.

(   )

곱셈식으로 나타내 볼까요

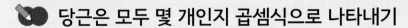

당근은 모두 몇 개인지 곱셈식으로 나타내기

(1) 당근의 수는 6의 4배입니다.

덧셈식 $6+6+6+6=24$

곱셈식 $6×4=24$

(2) 당근의 수는 8의 3배입니다.

덧셈식 $8+8+8=24$

곱셈식 $8×3=24$

➡ 당근은 모두 24개입니다.

1 그림을 보고 □ 안에 알맞은 수를 써넣으세요.

(1) 가지의 수는 5의 □ 배입니다.

덧셈식으로 나타내면 $5+\boxed{}+\boxed{}=\boxed{}$ 이고,

곱셈식으로 나타내면 $5×\boxed{}=\boxed{}$ 입니다.

(2) 가지의 수는 3의 □ 배입니다.

덧셈식으로 나타내면 $3+3+\boxed{}+\boxed{}+\boxed{}=\boxed{}$ 이고,

곱셈식으로 나타내면 $3×\boxed{}=\boxed{}$ 입니다.

(3) 가지는 모두 □ 개입니다.

1 단춧구멍은 모두 몇 개인지 알아보세요.

4의 ☐ 배

덧셈식 _____   곱셈식 _____

2 자전거 바퀴는 모두 몇 개인지 알아보세요.

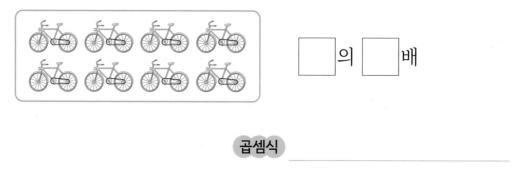

☐의 ☐ 배

곱셈식 _____

3 탬버린은 모두 몇 개인지 알아보려고 합니다. 물음에 답해 보세요.

(1) 두 가지 곱셈식으로 나타내 보세요.

방법❶ 7의 ☐ 배 ➡ ☐ × ☐ = ☐

방법❷ 3의 ☐ 배 ➡ ☐ × ☐ = ☐

(2) 탬버린은 모두 몇 개인가요?

(   )

4 그림을 보고 체육관에 있는 물건 중 곱셈식으로 나타낼 수 있는 것을 찾아 ○표 하고, 곱셈식으로 나타내 보세요.

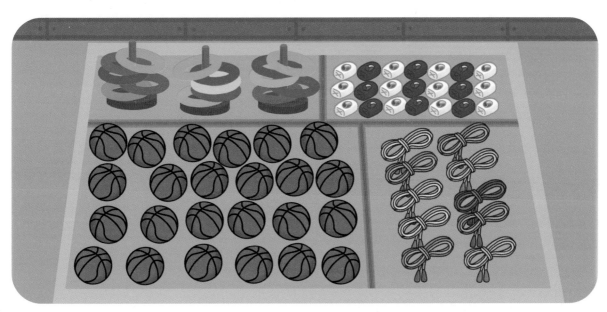

곱셈식 _____

5 다정이는 계획한 대로 종이 별을 만들었습니다. 다정이가 만든 종이 별의 수를 곱셈식으로 나타내 보세요.

계획　요일	월	화	수	목	금
종이 별 만들기	⭐⭐⭐ ⭐⭐⭐ ⭐⭐⭐	·	⭐⭐⭐ ⭐⭐⭐ ⭐⭐⭐	⭐⭐⭐ ⭐⭐⭐ ⭐⭐⭐	⭐⭐⭐ ⭐⭐⭐ ⭐⭐⭐

· : 만들지 않은 날

곱셈식 _____

실력 키우기

실력 키우기

♥ 바른 답 43쪽

1 모자의 수를 4가지 곱셈식으로 나타내 보세요.

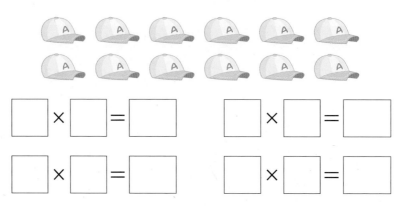

☐ × ☐ = ☐   ☐ × ☐ = ☐

☐ × ☐ = ☐   ☐ × ☐ = ☐

2 도윤이는 다음과 같이 쌓기나무를 쌓으려고 합니다. 쌓기나무는 모두 몇 개 필요한지 구해 보세요.

도윤

나는 이 쌓기나무의 4배만큼 쌓기나무를 쌓을 거야.

(   )

단원 마무리하기

1 그림을 보고 □ 안에 알맞은 수를 써넣으세요.

5개씩 묶으면 □ 묶음이므로 풍선은 모두 □ 개입니다.

2 새 10마리를 남지 않게 묶어 셀 수 있는 방법을 모두 찾아 ○표 하세요.

2씩 묶기	4씩 묶기	5씩 묶기
(　)	(　)	(　)

3 다음 중 나타내는 수가 다른 하나는 어느 것인가요? (　)

① 6+6+6+6 　　　　 ② 6씩 4묶음

③ 6×4 　　　　 ④ 6의 4배

⑤ 6+4

4 토끼가 한 번에 2칸씩 뛰었습니다. 모두 몇 칸을 뛰었는지 구해 보세요.

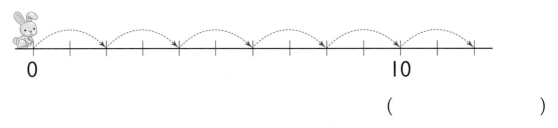

(   )

5 ☐ 안에 들어갈 수 있는 수를 모두 찾아 ○표 하세요.

나는 화분을 ☐개씩 묶어 세어 모두 16개라는 것을 알았어.

(2 , 3 , 4 , 5 , 6 , 7 , 8)

6 관계있는 것끼리 이어 보세요.

2의 9배 ·	· 5씩 7묶음 ·	· 6의 8배
5의 7배 ·	· 2씩 9묶음 ·	· 9의 2배
8의 6배 ·	· 8씩 6묶음 ·	· 7의 5배

❤ 바른 답 44쪽

7 초록색 연필의 수는 파란색 연필의 수의 몇 배인지 구해 보세요.

(   )

8 ㉠에 알맞은 수를 구해 보세요.

$$㉠×3=27$$

(   )

9 4명의 친구들이 가위바위보를 하였습니다. 친구들이 모두 보를 냈다면 펼친 손가락은 모두 몇 개인지 구해 보세요.

(   )

**빠른
개념찾기**

틀린 문제는 개념을
다시 확인해
보세요.

개념	문제 번호
01 여러 가지 방법으로 세어 볼까요	1, 4
02 묶어 세어 볼까요	2, 5
03 몇의 몇 배를 알아볼까요	6
04 몇의 몇 배로 나타내 볼까요	7
05 곱셈을 알아볼까요	3, 8
06 곱셈식으로 나타내 볼까요	9

메모

메모

메모

초크

교과서 달달 풀기

바른 답

초등 수학

2-1

07 백을 알아볼까요

개념 확인하기

1 (1) 10   (2) 100   (3) 100

교과서 따라 풀기

1 □ 안에 알맞은 수를 써넣으세요.

(1)

십 모형	일 모형
6 개	0 개

60

(2)

십 모형	일 모형
8 개	0 개

80

(3)

십 모형	일 모형
9 개	0 개

90

(4)

십 모형	일 모형
9 개	10 개

100

(5)

십 모형	일 모형
10 개	0 개

100

(6)

백 모형	십 모형	일 모형
1 개	0 개	0 개

100

---

2 □ 안에 알맞은 수를 써넣으세요.

(1) 94 — 95 — 96 — 97 — 98 — 99 — 100

(2) 40 — 50 — 60 — 70 — 80 — 90 — 100

3 □ 안에 알맞은 수를 써넣으세요.

80   90   100

90보다 10만큼 더 작은 수는 80 이고,
90보다 10만큼 더 큰 수는 100 입니다.

4 사과가 한 상자에 10개씩 있습니다. 사과는 모두 몇 개인지 알아보세요.

사과는 모두 100 개입니다.

실력 키우기

1 그림을 보고 □ 안에 알맞은 수를 써넣으세요.

20 — 40 — 60 — 80 — 100

(1) 80보다 20만큼 더 큰 수는 100 입니다.

(2) 100보다 40 만큼 더 작은 수는 60입니다.

2 100에 대해 바르게 말한 친구의 이름을 써 보세요.

하은: 90보다 10만큼 더 작은 수야.

성범: 95보다 5만큼 더 큰 수야.

(성범)

교과서 따라 풀기

2 (1) 1씩 커지고 있습니다.
   (2) 10씩 커지고 있습니다.

4 10이 10개이면 100이므로 사과는 모두 100개입니다.

실력 키우기

1 (2) 60보다 40만큼 더 큰 수는 100이므로 100보다 40만큼 더 작은 수는 60입니다.

2 하은: 90보다 10만큼 더 작은 수는 80입니다.
   성범: 95보다 5만큼 더 큰 수는 100입니다.
   따라서 바르게 말한 친구는 성범이입니다.

02 몇백을 알아볼까요

개념 확인하기

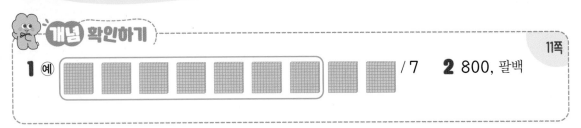

1 예 / 7   **2** 800, 팔백

교과서 따라 풀기

1 □ 안에 알맞은 수를 써넣으세요.

(1)
200

(2)
600

(3)
900

(4)
300

2 □ 안에 알맞은 수를 써넣고, 관계있는 것끼리 이어 보세요.

100 · · 100이 4개 · · 백
400 · · 100이 1개 · · 칠백
700 · · 100이/가 7개 · · 사백

12 교과서 달달 풀기 2-1

♥ 바른답 3쪽

3~4 그림을 보고 물음에 답해 보세요.

200   500   700   900

0 100   300 400   800

3 보기 에서 알맞은 수를 찾아 □ 안에 써넣으세요.

보기
500   700   200   900

4 색칠한 칸의 수와 더 가까운 수에 ○표 하세요.

| 100 | 200 | 600 |

| 200 | 400 | 500 |

| 400 | 600 | 900 |

| 500 | 800 | 900 |

5 수 모형을 보고 바르게 말한 친구를 찾아 이름을 써 보세요.

500보다 커. (은지)

400보다 크고 500보다 작아. (민규)

400보다 작아. (환희)

(민규)

1. 세 자리 수 13

실력 키우기

♥ 바른답 3쪽

1 ㉠과 ㉡에 알맞은 수를 각각 구해 보세요.

· 100이 3개인 수는 ㉠입니다.
· 100이 ㉡개인 수는 800입니다.

㉠ (300)
㉡ (8)

2 수 모형을 보고 잘못 설명한 것을 찾아 기호를 써 보세요.

㉠ 600보다 큽니다.
㉡ 600보다 크고 700보다 작습니다.
㉢ 700보다 큽니다.

(㉢)

14 교과서 달달 풀기 2-1

교과서 따라 풀기

5 백 모형 4개는 400, 십 모형 2개는 20이 므로 수 모형이 나타내는 수는 400보다 크고 500보다 작습니다.
따라서 바르게 말한 친구는 민규입니다.

실력 키우기

1 · 100이 3개인 수는 300입니다.
➡ ㉠=300
· 100이 8개인 수는 800입니다.
➡ ㉡=8

2 백 모형 6개는 600, 십 모형 4개는 40이 므로 수 모형이 나타내는 수는 600보다 크고 700보다 작습니다.
따라서 잘못 설명한 것은 ㉢입니다.

개념 확인하기

15쪽

1 2, 3, 9 / 239   **2** 5, 1, 7, 517

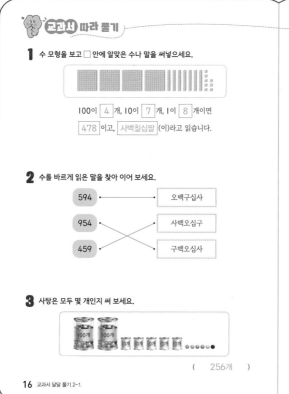

교과서 따라 풀기

♥바른답 4쪽

1 수 모형을 보고 □ 안에 알맞은 수나 말을 써넣으세요.

100이 4 개, 10이 7 개, 1이 8 개이면
478 이고, 사백칠십팔 (이)라고 읽습니다.

2 수를 바르게 읽은 말을 찾아 이어 보세요.

594 ——— 오백구십사

954 ——— 사백오십구

459 ——— 구백오십사

3 사탕은 모두 몇 개인지 써 보세요.

(256개)

16 교과서 달달 풀기 2-1

4 은주는 심부름 놀이를 하기 위해 100, 10, 1을 이용하여 가격을 정했습니다. 물음에 답해 보세요.

고기 300원   대파 100원   양파 50원   음료수 20원   과자 5원   초콜릿 1원

(1) 물건을 사는 데 필요한 돈만큼 100, 10, 1을 그리고 수를 써 보세요.

사야 할 물건	모형	필요한 돈(원)
	100 100 100 10 10 1 1 1 1 1	325
	예) 100 100 100 10 10 10 10 10 1 1	252

(2) 은주는 심부름 놀이에서 물건을 사고 100 3개, 10 4개를 썼습니다. 은주가 산 물건으로 알맞은 것에 ○표 하세요.

( )

(○)

1. 세 자리 수 **17**

실력 키우기

♥바른답 4쪽

1 잘못 말한 친구의 이름을 써 보세요.

현진: 306은 100이 3개, 10이 6개인 수야.
상윤: 100이 5개, 1이 8개인 수는 508이야.

(현진)

2 동전은 모두 얼마인지 구해 보세요.

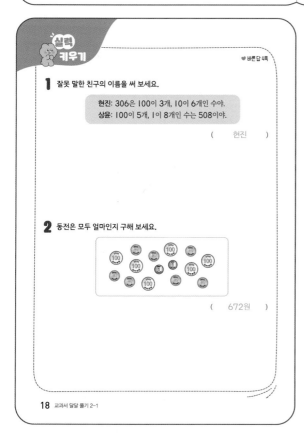

(672원)

18 교과서 달달 풀기 2-1

교과서 따라 풀기

4 (2) 은주가 물건을 사고 쓴 돈: 340원
• 고기, 대파, 과자를 사면 쓴 돈은 405원입니다. (×)
• 고기, 음료수, 음료수를 사면 쓴 돈은 340원입니다. (○)

실력 키우기

1 **현진**: 306은 100이 3개, 1이 6개인 수입니다.
상윤: 100이 5개, 1이 8개인 수는 508입니다.

2 100원짜리 동전 6개 → 600원
10원짜리 동전 7개 → 70원
1원짜리 동전 2개 → 2원
672원

04 각 자리의 숫자는 얼마를 나타낼까요

개념 확인하기

1 (위에서부터) 6, 9 / 30, 9 / 30, 9 **2** 5, 8, 7

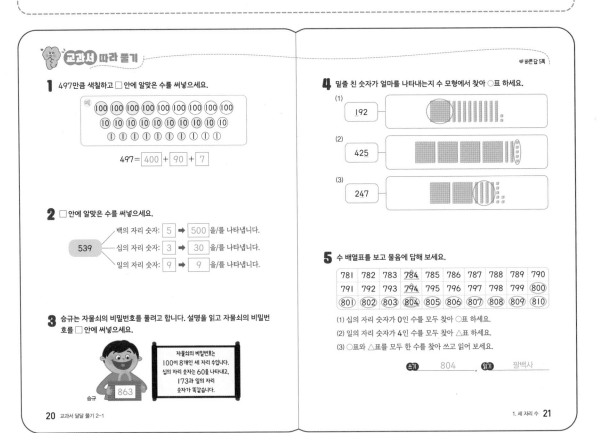

교과서 따라 풀기

🌙 바른답 5쪽

1 497만큼 색칠하고 □ 안에 알맞은 수를 써넣으세요.

497 = 400 + 90 + 7

2 □ 안에 알맞은 수를 써넣으세요.

백의 자리 숫자: 5 ➡ 500 을/를 나타냅니다.
539 ─ 십의 자리 숫자: 3 ➡ 30 을/를 나타냅니다.
일의 자리 숫자: 9 ➡ 9 을/를 나타냅니다.

3 승규는 자물쇠의 비밀번호를 풀려고 합니다. 설명을 읽고 자물쇠의 비밀번호를 □ 안에 써넣으세요.

자물쇠의 비밀번호는 100이 8개인 세 자리 수입니다. 십의 자리 숫자는 60을 나타내고, 173과 일의 자리 숫자가 똑같습니다.

승규 863

4 밑줄 친 숫자가 얼마를 나타내는지 수 모형에서 찾아 ○표 하세요.

(1) 192

(2) 425

(3) 247

5 수 배열표를 보고 물음에 답해 보세요.

781	782	783	784	785	786	787	788	789	790
791	792	793	794	795	796	797	798	799	800
801	802	803	804	805	806	807	808	809	810

(1) 십의 자리 숫자가 0인 수를 모두 찾아 ○표 하세요.
(2) 일의 자리 숫자가 4인 수를 모두 찾아 △표 하세요.
(3) ○표와 △표를 모두 한 수를 찾아 쓰고 읽어 보세요.

쓰기 804 , 읽기 팔백사

20 교과서 달달 풀기 2-1

1. 세 자리 수 21

실력 키우기

🌙 바른답 5쪽

1 숫자 3이 30을 나타내는 수를 모두 찾아 ○표 하세요.

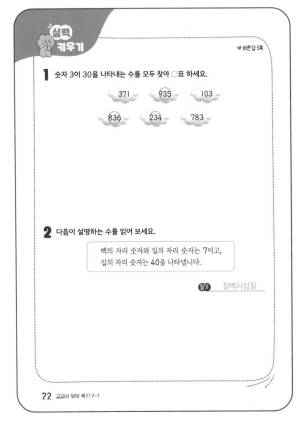

371 935 103
836 234 783

2 다음이 설명하는 수를 읽어 보세요.

백의 자리 숫자와 일의 자리 숫자는 7이고, 십의 자리 숫자는 40을 나타냅니다.

읽기 칠백사십칠

22 교과서 달달 풀기 2-1

교과서 따라 풀기

5 (3) 십의 자리 숫자가 0이면서 일의 자리 숫자가 4인 수는 804입니다.
804는 팔백사라고 읽습니다.

실력 키우기

1 주어진 수에서 숫자 3이 나타내는 수를 각각 알아봅니다.
3̲71 ➡ 300, 93̲5 ➡ 30, 10̲3 ➡ 3, 83̲6 ➡ 30, 23̲4 ➡ 30, 78̲3 ➡ 3

2 백의 자리 숫자와 일의 자리 숫자가 7인 세 자리 수는 7□7이고, 십의 자리 숫자가 40을 나타내므로 십의 자리 숫자는 4입니다.
따라서 설명하는 수는 747이므로 칠백사십칠이라고 읽습니다.

1. 세 자리 수 **5**

05 뛰어 세어 볼까요

1 (1) 백에 ○표, 100에 ○표   (2) 십에 ○표, 10에 ○표

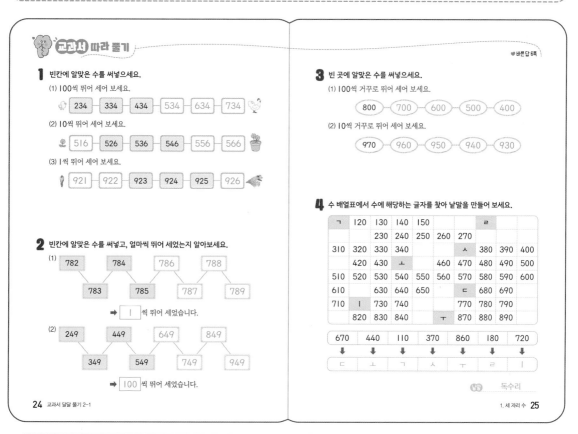

교과서 따라 풀기

1 빈칸에 알맞은 수를 써넣으세요.

(1) 100씩 뛰어 세어 보세요.

| 234 | 334 | 434 | 534 | 634 | 734 |

(2) 10씩 뛰어 세어 보세요.

| 516 | 526 | 536 | 546 | 556 | 566 |

(3) 1씩 뛰어 세어 보세요.

| 921 | 922 | 923 | 924 | 925 | 926 |

2 빈칸에 알맞은 수를 써넣고, 얼마씩 뛰어 세었는지 알아보세요.

(1)

| 782 | 784 | 786 | 788 |
| 783 | 785 | 787 | 789 |

➡ 1 씩 뛰어 세었습니다.

(2)

| 249 | 449 | 649 | 849 |
| 349 | 549 | 749 | 949 |

➡ 100 씩 뛰어 세었습니다.

3 빈 곳에 알맞은 수를 써넣으세요.

(1) 100씩 거꾸로 뛰어 세어 보세요.

800 - 700 - 600 - 500 - 400

(2) 10씩 거꾸로 뛰어 세어 보세요.

970 - 960 - 950 - 940 - 930

4 수 배열표에서 수에 해당하는 글자를 찾아 낱말을 만들어 보세요.

ㄱ	120	130	140	150			ㄹ		
		230	240	250	260	270			
310	320	330	340				ㅅ	380	390	400
	420	430	ㅗ		460	470	480	490	500
510	520	530	540	550	560	570	580	590	600
610		630	640	650		ㄷ	680	690	
710	ㅣ	730	740				770	780	790
	820	830	840		ㅜ		870	880	890

670	440	110	370	860	180	720
↓	↓	↓	↓	↓	↓	↓
ㄷ	ㅗ	ㄱ	ㅅ	ㅜ	ㄹ	ㅣ

정답 독수리

실력 키우기

바른답 6쪽

1 보기와 같은 규칙으로 뛰어 세어 보세요.

보기

829 - 839 - 849 - 859 - 869

| 532 | 542 | 552 | 562 | 572 | 582 |

2 승아가 말한 방법으로 뛰어 세었을 때 ㉠과 ㉡에 알맞은 수를 각각 구해 보세요.

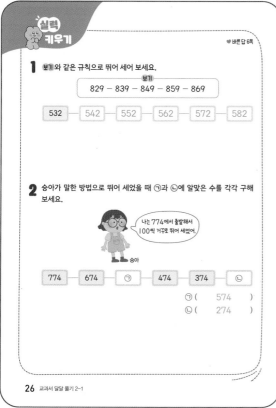

나는 774에서 출발해서 100씩 거꾸로 뛰어 세었어.

승아

| 774 | 674 | ㉠ | 474 | 374 | ㉡ |

㉠ (574)
㉡ (274)

교과서 따라 풀기

4 같은 가로줄에서는 10씩 뛰어 세었고, 같은 세로줄에서는 100씩 뛰어 세었습니다. 수에 해당하는 글자를 찾아 낱말을 만들면 '독수리'입니다.

실력 키우기

1 보기는 십의 자리 수가 1씩 커지고 있으므로 10씩 뛰어 센 것입니다.
따라서 10씩 뛰어 세면 532-542-552-562-572-582입니다.

2 774에서 출발해서 100씩 거꾸로 뛰어 세면 백의 자리 수가 1씩 작아집니다.
774-674-<u>574</u>-474-374-<u>274</u>
　　　　　㉠　　　　　　　　㉡

06 수의 크기를 비교해 볼까요

1 (1) 작습니다에 ◯표   (2) 큽니다에 ◯표   **2** (1) >   (2) <

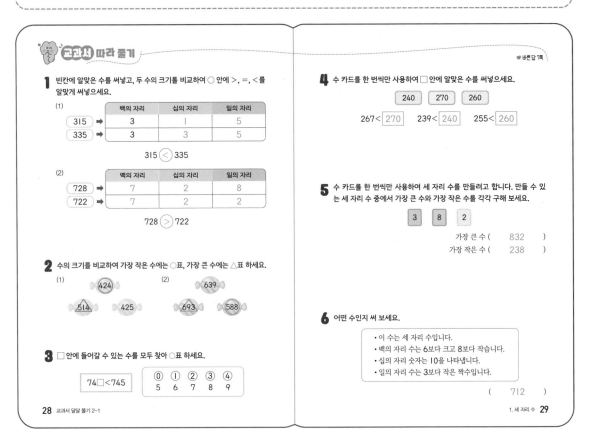

교과서 따라 풀기

1 빈칸에 알맞은 수를 써넣고, 두 수의 크기를 비교하여 ◯ 안에 >, =, <를 알맞게 써넣으세요.

(1)

	백의 자리	십의 자리	일의 자리
315 ➡	3	1	5
335 ➡	3	3	5

315 < 335

(2)

	백의 자리	십의 자리	일의 자리
728 ➡	7	2	8
722 ➡	7	2	2

728 > 722

2 수의 크기를 비교하여 가장 작은 수에는 ◯표, 가장 큰 수에는 △표 하세요.

(1) 424   △514   425

(2) 639   693   588

3 □ 안에 들어갈 수 있는 수를 모두 찾아 ◯표 하세요.

74□<745

⓪ ① ② ③ ④
5 6 7 8 9

4 수 카드를 한 번씩만 사용하여 □에 알맞은 수를 써넣으세요.

240   270   260

267< 270   239< 240   255< 260

5 수 카드를 한 번씩만 사용하여 세 자리 수를 만들려고 합니다. 만들 수 있는 세 자리 수 중에서 가장 큰 수와 가장 작은 수를 각각 구해 보세요.

3 8 2

가장 큰 수 (832)
가장 작은 수 (238)

6 어떤 수인지 써 보세요.

• 이 수는 세 자리 수입니다.
• 백의 자리 수는 6보다 크고 8보다 작습니다.
• 십의 자리 숫자는 10을 나타냅니다.
• 일의 자리 수는 3보다 작은 짝수입니다.

(712)

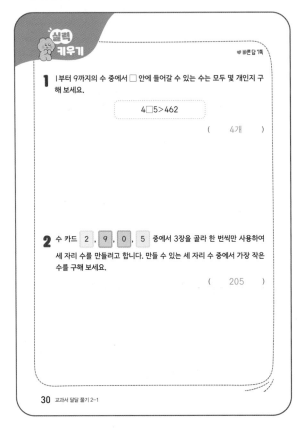

실력 키우기

1 1부터 9까지의 수 중에서 □ 안에 들어갈 수 있는 수는 모두 몇 개인지 구해 보세요.

4□5>462

(4개)

2 수 카드 2, 9, 0, 5 중에서 3장을 골라 한 번씩만 사용하여 세 자리 수를 만들려고 합니다. 만들 수 있는 세 자리 수 중에서 가장 작은 수를 구해 보세요.

(205)

교과서 따라 풀기

6 백의 자리 수는 6보다 크고 8보다 작으므로 7, 십의 자리 숫자는 10을 나타내므로 1, 일의 자리 수는 3보다 작은 짝수이므로 2입니다. 따라서 어떤 수는 712입니다.

실력 키우기

1 백의 자리 수가 4로 같고 일의 자리 수는 5>2이므로 □ 안에는 6과 같거나 6보다 큰 수가 들어가야 합니다.
따라서 6, 7, 8, 9로 모두 4개입니다.

2 수 카드를 작은 수부터 차례대로 놓아야 하는데 백의 자리에는 0이 올 수 없으므로 두 번째로 작은 수인 2를 백의 자리에 놓아야 합니다. 0<5<9이므로 만들 수 있는 가장 작은 세 자리 수는 205입니다.

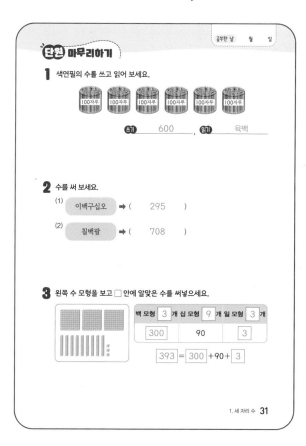

단원 마무리하기

1 색연필의 수를 쓰고 읽어 보세요.

쓰기 600 읽기 육백

2 수를 써 보세요.

(1) 이백구십오 ➡ (295)

(2) 칠백팔 ➡ (708)

3 왼쪽 수 모형을 보고 □ 안에 알맞은 수를 써넣으세요.

백 모형	3	개 십 모형	9	개 일 모형	3	개

300	90	3

393 = 300 +90+ 3

1. 세 자리 수 **31**

---

4 ㉠, ㉡은 100, ㉢은 90을 나타냅니다.

6 718−728에서 십의 자리 수가 1 커졌으므로 10씩 뛰어 센 것입니다.

7 • 백의 자리 수를 비교하면 4>3이므로 가장 작은 수는 391입니다.
   • 457<485이므로 가장 큰 수는 485입니다.
   ➡ 391<457<485

8 720: 20 ➡ 언, 193: 100 ➡ 제,
   484: 4 ➡ 나, 256: 50 ➡ 웃,
   967: 900 ➡ 자
   따라서 비밀 문장은 '언제나 웃자'입니다.

9 41□>415에서 백의 자리 수와 십의 자리 수가 각각 같으므로 일의 자리 수를 비교하면 □>5입니다. 따라서 □ 안에 들어갈 수 있는 수는 6, 7, 8, 9입니다.

단원 마무리하기

4 나타내는 수가 다른 하나를 찾아 기호를 써 보세요.

㉠ 99보다 1만큼 더 큰 수
㉡ 10이 10개인 수
㉢ 70보다 20만큼 더 큰 수

(㉢)

5 동전은 모두 얼마인지 구해 보세요.

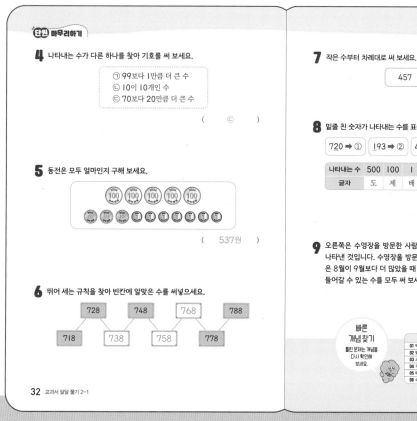

(537원)

6 뛰어 세는 규칙을 찾아 빈칸에 알맞은 수를 써넣으세요.

728		748		768		788

718		738		758		778

---

7 작은 수부터 차례대로 써 보세요.

457	391	485

(391, 457, 485)

8 밑줄 친 숫자가 나타내는 수를 표에서 찾아 비밀 문장을 만들어 보세요.

720 ➡ ① 193 ➡ ② 484 ➡ ③ 256 ➡ ④ 967 ➡ ⑤

나타내는 수	500	100	1	50	20	900	9	200	4
글자	도	제	배	웃	언	자	준	유	나

비밀 문장	①	②	③	④	⑤
	언	제	나	웃	자

9 오른쪽은 수영장을 방문한 사람의 수를 나타낸 것입니다. 수영장을 방문한 사람은 8월이 9월보다 더 많았을 때 □ 안에 들어갈 수 있는 수를 모두 써 보세요.

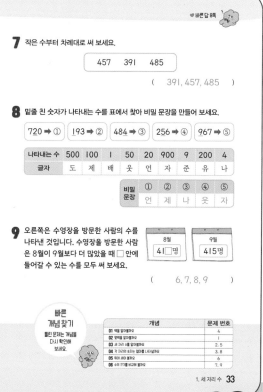

8월 41□명 9월 415명

(6, 7, 8, 9)

빠른
개념 찾기
틀린 문제는 개념을
다시 확인해
보세요.

개념	문제 번호
01 백을 알아볼까요	4
02 몇백을 알아볼까요	1
03 세 자리 수를 알아볼까요	2, 5
04 각 자리의 숫자는 얼마를 나타낼까요	3, 8
05 뛰어 세어 볼까요	6
06 수의 크기를 비교해 볼까요	7, 9

1. 세 자리 수 **33**

07 △을 알아보고 찾아볼까요

개념 확인하기

1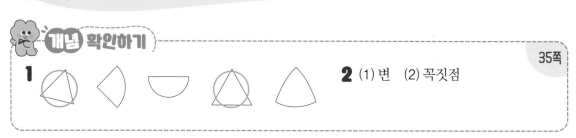

35쪽

2 (1) 변 (2) 꼭짓점

교과서 따라 풀기

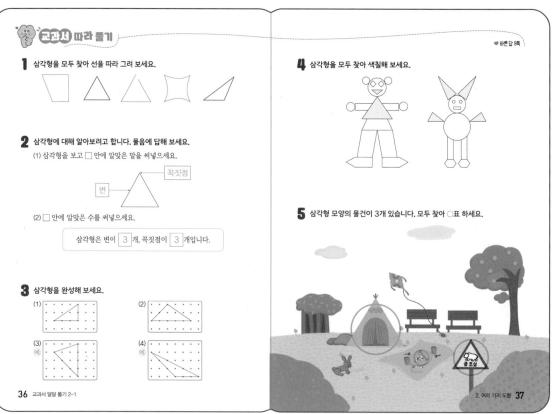

1 삼각형을 모두 찾아 선을 따라 그려 보세요.

2 삼각형에 대해 알아보려고 합니다. 물음에 답해 보세요.
(1) 삼각형을 보고 □ 안에 알맞은 말을 써넣으세요.

꼭짓점
변

(2) □ 안에 알맞은 수를 써넣으세요.

삼각형은 변이 **3** 개, 꼭짓점이 **3** 개입니다.

3 삼각형을 완성해 보세요.
(1)   (2)
(3) 예   (4) 예

36 교과서 달달 풀기 2-1

♥ 바른답 9쪽

4 삼각형을 모두 찾아 색칠해 보세요.

5 삼각형 모양의 물건이 3개 있습니다. 모두 찾아 ○표 하세요.

2. 여러 가지 도형 37

실력 키우기

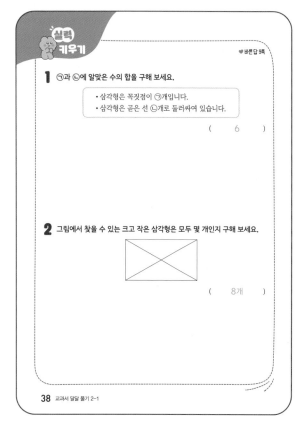

♥ 바른답 9쪽

1 ㉠과 ㉡에 알맞은 수의 합을 구해 보세요.

• 삼각형은 꼭짓점이 ㉠개입니다.
• 삼각형은 곧은 선 ㉡개로 둘러싸여 있습니다.

(6)

2 그림에서 찾을 수 있는 크고 작은 삼각형은 모두 몇 개인지 구해 보세요.

(8개)

38 교과서 달달 풀기 2-1

교과서 따라 풀기

3 (3) 주어진 선을 한 변으로 하고, 나머지 두 변을 정하여 3개의 변으로 둘러싸인 도형을 그립니다.

5 삼각형 모양의 물건을 찾으면 텐트, 피자 조각, 표지판입니다.

실력 키우기

1 • 삼각형은 꼭짓점이 3개입니다. ➡ ㉠=3
• 삼각형은 곧은 선 3개로 둘러싸여 있습니다. ➡ ㉡=3
따라서 ㉠+㉡=3+3=6입니다.

2 • 작은 삼각형 1개로 이루어진 삼각형: 4개
• 작은 삼각형 2개로 이루어진 삼각형: 4개
따라서 크고 작은 삼각형은 모두 4+4=8(개)입니다.

02 □을 알아보고 찾아볼까요

개념 확인하기

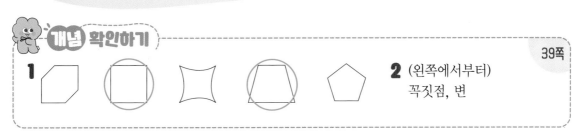

1

2 (왼쪽에서부터)
꼭짓점, 변

교과서 따라 풀기

바른답 10쪽

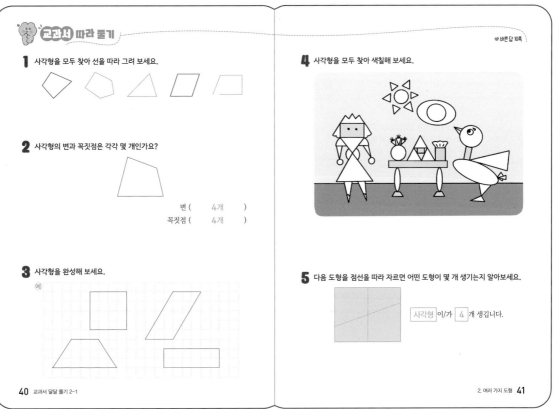

1 사각형을 모두 찾아 선을 따라 그려 보세요.

2 사각형의 변과 꼭짓점은 각각 몇 개인가요?

변 (4개)
꼭짓점 (4개)

3 사각형을 완성해 보세요.

예

4 사각형을 모두 찾아 색칠해 보세요.

5 다음 도형을 점선을 따라 자르면 어떤 도형이 몇 개 생기는지 알아보세요.

사각형 이/가 4 개 생깁니다.

실력 키우기

바른답 10쪽

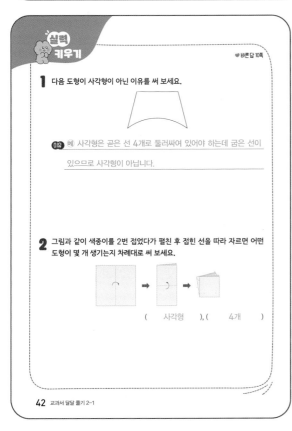

1 다음 도형이 사각형이 아닌 이유를 써 보세요.

이유 예 사각형은 곧은 선 4개로 둘러싸여 있어야 하는데 굽은 선이

있으므로 사각형이 아닙니다.

2 그림과 같이 색종이를 2번 접었다가 펼친 후 접힌 선을 따라 자르면 어떤 도형이 몇 개 생기는지 차례대로 써 보세요.

(사각형), (4개)

교과서 따라 풀기

4 4개의 곧은 선들로 둘러싸여 있는 도형을 모두 찾아 색칠합니다.

5

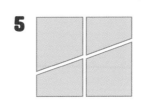

따라서 사각형이 4개 생깁니다.

실력 키우기

2

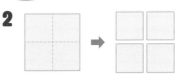

따라서 접힌 선을 따라 자르면 사각형이 4개 생깁니다.

03 ◯을 알아보고 찾아볼까요

개념 확인하기

1 (1) (◯) ( ) ( )
(2) 원

2 (도형들)

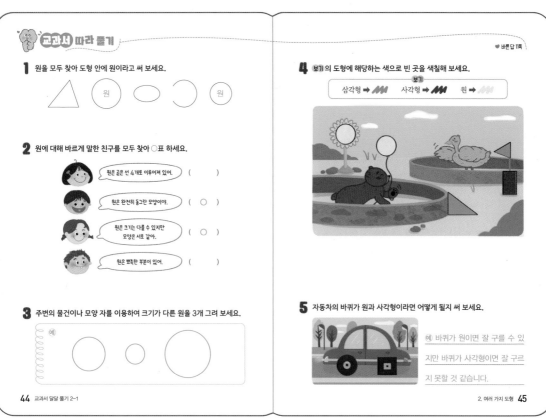

교과서 따라 풀기

1 원을 모두 찾아 도형 안에 원이라고 써 보세요.

(삼각형) (원) (타원) (원) (원)

2 원에 대해 바르게 말한 친구를 모두 찾아 ◯표 하세요.

원은 곧은 선 4개로 이루어져 있어. ( )

원은 완전히 둥그란 모양이야. (◯)

원은 크기는 다를 수 있지만 모양은 서로 같아. (◯)

원은 뾰족한 부분이 있어. ( )

3 주변의 물건이나 모양 자를 이용하여 크기가 다른 원을 3개 그려 보세요.

(예) (◯ ◯ ◯)

44 교과서 달달 풀기 2-1

4 보기 의 도형에 해당하는 색으로 빈 곳을 색칠해 보세요.

보기
삼각형 ➡ ///   사각형 ➡ ///   원 ➡ ///

5 자동차의 바퀴가 원과 사각형이라면 어떻게 될지 써 보세요.

(예) 바퀴가 원이면 잘 구를 수 있
지만 바퀴가 사각형이면 잘 구르
지 못할 것 같습니다.

2. 여러 가지 도형 45

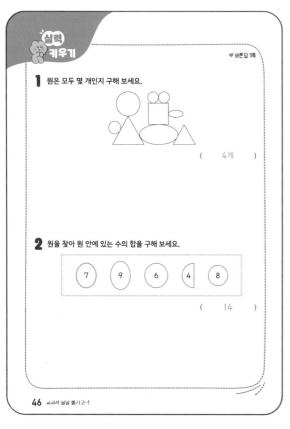

실력 키우기

♥ 바른 답 11쪽

1 원은 모두 몇 개인지 구해 보세요.

(4개)

2 원을 찾아 원 안에 있는 수의 합을 구해 보세요.

⑦ ⑨ ⑥ ④ ⑧

(14)

46 교과서 달달 풀기 2-1

교과서 따라 풀기

1 어느 쪽에서 보아도 완전히 동그란 모양의 도형을 모두 찾습니다.

2 • 원은 곧은 선이 없고, 굽은 선으로 이어져 있습니다.
• 원은 뾰족한 부분이 없습니다.

3 동전, 반지, 종이컵, 모양 자 등을 이용하여 크기가 다른 원을 3개 그립니다.

실력 키우기

1 어느 쪽에서 보아도 완전히 동그란 모양은 모두 4개입니다.

2 원 안에 있는 수는 6과 8입니다.
따라서 원 안에 있는 수의 합은 $6+8=14$ 입니다.

개념 확인하기

47쪽

1 (1) 5 (2) 2 **2** 예

교과서 따라 풀기

1 칠교 조각이 삼각형이면 △, 사각형이면 □로 표시해 보세요.

2 칠교 조각에 대해 바르게 말한 친구를 모두 찾아 ○표 하세요.

칠교 조각은 모두 7개야. (○)

칠교 조각 중 크기가 가장 큰 조각은 사각형이야. ( )

칠교 조각 중 삼각형은 4개야. ( )

칠교 조각에는 삼각형, 사각형이 있어. (○)

바른답 12쪽

3 보기 의 조각을 이용하여 삼각형과 사각형을 만들어 보세요.

보기

예

4 칠교 조각을 이용하여 만든 모양입니다. 이용한 조각 중 삼각형과 사각형은 각각 몇 개인지 구해 보세요.

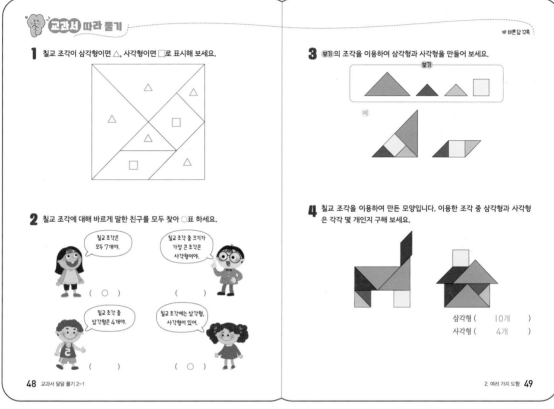

삼각형 (10개)
사각형 (4개)

실력 키우기

바른답 12쪽

1 ㉠과 ㉡에 알맞은 수의 합을 구해 보세요.

칠교 조각은 모두 ㉠개이고, 칠교 조각 중 삼각형은 ㉡개입니다.

(12)

2 주어진 조각을 한 번씩 모두 이용하여 만들 수 없는 모양의 기호를 써 보세요.

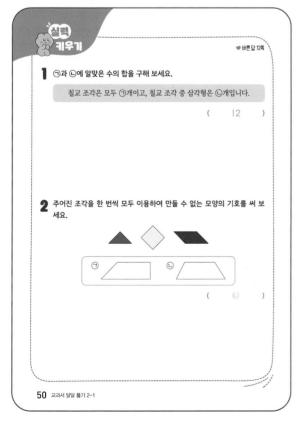

(㉡)

교과서 따라 풀기

2 • 칠교 조각 중 크기가 가장 큰 조각은 삼각형입니다.
• 칠교 조각 중 삼각형은 5개입니다.

4 • 왼쪽 모양: 삼각형은 5개, 사각형은 2개
• 오른쪽 모양: 삼각형은 5개, 사각형은 2개
➡ 삼각형: $5+5=10$(개),
사각형: $2+2=4$(개)

실력 키우기

1 칠교 조각은 모두 7개이고, 칠교 조각 중 삼각형은 5개입니다.
➡ ㉠+㉡=$7+5=12$

2 ㉠

따라서 만들 수 없는 모양은 ㉡입니다.

05 쌓은 모양을 알아볼까요

51쪽

개념 확인하기

1 (○) (   )

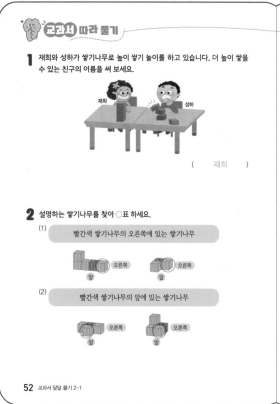

교과서 따라 풀기

1 재희와 성하가 쌓기나무로 높이 쌓기 놀이를 하고 있습니다. 더 높이 쌓을 수 있는 친구의 이름을 써 보세요.

재희   성하

(재희   )

2 설명하는 쌓기나무를 찾아 ○표 하세요.

(1) 빨간색 쌓기나무의 오른쪽에 있는 쌓기나무

(2) 빨간색 쌓기나무의 앞에 있는 쌓기나무

52 교과서 달달 풀기 2-1

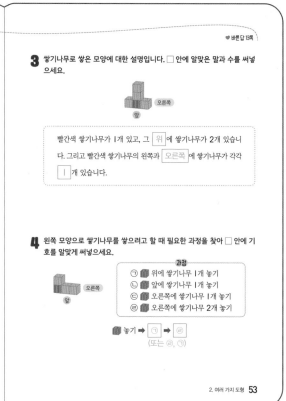

바른답 13쪽

3 쌓기나무로 쌓은 모양에 대한 설명입니다. □ 안에 알맞은 말과 수를 써넣으세요.

빨간색 쌓기나무가 1개 있고, 그 위 에 쌓기나무가 2개 있습니다. 그리고 빨간색 쌓기나무의 왼쪽과 오른쪽 에 쌓기나무가 각각 1 개 있습니다.

4 왼쪽 모양으로 쌓기나무를 쌓으려고 할 때 필요한 과정을 찾아 □ 안에 기호를 알맞게 써넣으세요.

과정
㉠ 위에 쌓기나무 1개 놓기
㉡ 앞에 쌓기나무 1개 놓기
㉢ 오른쪽에 쌓기나무 1개 놓기
㉣ 오른쪽에 쌓기나무 2개 놓기

놓기 ➡ ㉠ ➡ ㉣
(또는 ㉣, ㉠)

2. 여러 가지 도형 53

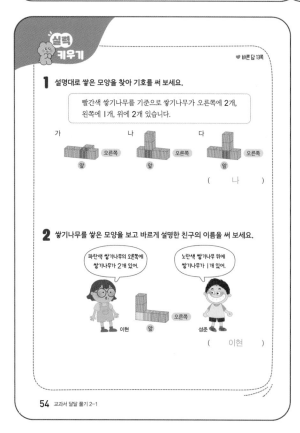

실력 키우기

바른답 13쪽

1 설명대로 쌓은 모양을 찾아 기호를 써 보세요.

빨간색 쌓기나무를 기준으로 쌓기나무가 오른쪽에 2개, 왼쪽에 1개, 위에 2개 있습니다.

가   나   다

(나   )

2 쌓기나무를 쌓은 모양을 보고 바르게 설명한 친구의 이름을 써 보세요.

파란색 쌓기나무의 오른쪽에 쌓기나무가 2개 있어.

노란색 쌓기나무 위에 쌓기나무가 1개 있어.

이현   성준

(이현   )

54 교과서 달달 풀기 2-1

교과서 따라 풀기

4 주어진 모양은 빨간색 쌓기나무가 1개 있고, 그 위에 쌓기나무가 1개, 오른쪽으로 나란히 쌓기나무가 2개 있습니다.
따라서 필요한 과정은 ㉠, ㉣ 또는 ㉣, ㉠입니다.

실력 키우기

1 가: 빨간색 쌓기나무를 기준으로 쌓기나무가 왼쪽에 2개, 오른쪽에 1개, 뒤에 1개 있습니다.
다: 빨간색 쌓기나무를 기준으로 쌓기나무가 왼쪽에 2개, 오른쪽에 1개, 위에 2개 있습니다.

2 성준: 노란색 쌓기나무 위에 쌓기나무가 2개 있습니다.

06 여러 가지 모양으로 쌓아 볼까요

교과서 따라 풀기

⬥ 바른답 14쪽

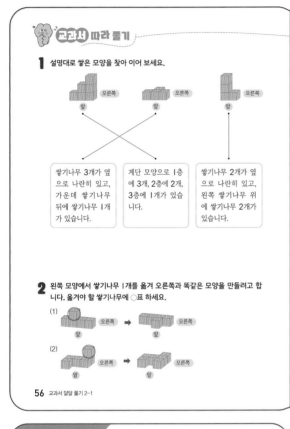

1 설명대로 쌓은 모양을 찾아 이어 보세요.

쌓기나무 3개가 옆으로 나란히 있고, 가운데 쌓기나무 뒤에 쌓기나무 1개가 있습니다.

계단 모양으로 1층에 3개, 2층에 2개, 3층에 1개가 있습니다.

쌓기나무 2개가 옆으로 나란히 있고, 왼쪽 쌓기나무 위에 쌓기나무 2개가 있습니다.

2 왼쪽 모양에서 쌓기나무 1개를 옮겨 오른쪽과 똑같은 모양을 만들려고 합니다. 옮겨야 할 쌓기나무에 ○표 하세요.

(1)

(2)

3 쌓기나무로 쌓은 모양에 대한 설명입니다. 틀린 부분을 모두 찾아 ×표 하세요.

쌓기나무 3개가 옆으로 나란히 있고, 맨 오른쪽 쌓기나무 위에 쌓기나무 1개가 있습니다.

4 사용한 쌓기나무의 수가 다른 하나를 찾아 기호를 써 보세요.

(ⓜ)

실력 키우기

⬥ 바른답 14쪽

1 가 모양과 나 모양을 만들기 위해 필요한 쌓기나무는 모두 몇 개인지 구해 보세요.

가   나

(12개)

2 정호는 쌓기나무를 10개 가지고 있습니다. 정호가 쌓기나무를 사용하여 다음과 같은 모양을 만들 때 남는 쌓기나무는 몇 개인지 구해 보세요.

(4개)

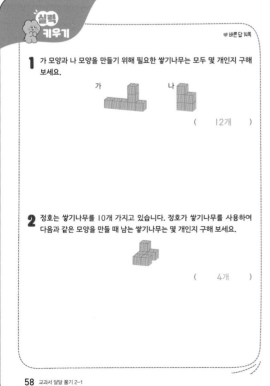

교과서 따라 풀기

3 쌓기나무 4개가 옆으로 나란히 있고, 맨 왼쪽 쌓기나무 위에 쌓기나무 1개가 있습니다.

4 사용한 쌓기나무의 수를 알아보면 ㉠, ㉡, ㉢, ㉣, ㉮은 5개이고, ㉭은 6개입니다. 따라서 사용한 쌓기나무의 수가 다른 하나는 ㉭입니다.

실력 키우기

1 필요한 쌓기나무의 수를 알아보면 **가**는 7개이고, **나**는 5개입니다. 따라서 필요한 쌓기나무는 모두 $7+5=12$(개)입니다.

2 모양을 만드는 데 필요한 쌓기나무는 6개입니다.
➡ (남는 쌓기나무의 수)$=10-6=4$(개)

단원 마무리하기

공부한 날   월   일

1 쌓기나무로 쌓은 모양에 대한 설명입니다. 알맞은 수와 말에 ○표 하세요.

오른쪽 | 앞

> 1층에 쌓기나무 (1 , 2 ,③)개가 옆으로 나란히 있습니다. 맨 왼쪽 쌓기나무 (위), 뒤)에 쌓기나무 1개가 있고, 맨 오른쪽 쌓기나무 (앞 ,뒤))에 쌓기나무 1개가 있습니다.

2 삼각형은 ▨, 사각형은 ▨, 원은 ▨으로 색칠해 보세요.

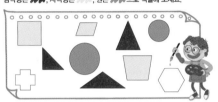

3 원을 찾아 원 안에 있는 수의 차를 구해 보세요.

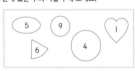

(5)

2. 여러 가지 도형 **59**

4 원쪽 모양에서 빨간색 쌓기나무의 앞에 쌓기나무 1개를 더 쌓은 모양의 기호를 써 보세요.

오른쪽 | 앞

㉠ 오른쪽 | 앞   ㉡ 오른쪽 | 앞

(㉡)

5 다음과 똑같은 모양으로 쌓으려면 쌓기나무가 몇 개 필요한지 구해 보세요.

(7개)

6 서로 다른 모양의 삼각형과 사각형을 2개씩 그려 보세요.

(1) 예   삼각형

(2) 예   사각형

60 교과서 달달 풀기 2-1

---

3 원 안에 있는 수는 9와 4입니다.
따라서 원 안에 있는 수의 차는 9−4=5
입니다.

4 ㉠은 원쪽 모양에서 빨간색 쌓기나무의 위에 쌓기나무 1개를 더 쌓은 모양입니다.

5 1층에 4개, 2층에 3개의 쌓기나무가 있습니다.
➡ (필요한 쌓기나무의 수)=4+3=7(개)

6 (1) 점 3개를 정한 후 곧은 선으로 이어 삼각형을 2개 그립니다.
(2) 점 4개를 정한 후 곧은 선으로 이어 사각형을 2개 그립니다.

7 칠교 조각 7개를 모두 이용하여 왕관 모양을 완성합니다.

8 삼각형: 5개, 사각형: 7개, 원: 4개
따라서 7>5>4이므로 가장 많이 있는 도형은 사각형이고, 7개가 있습니다.

♥바른답 15쪽

7 칠교 조각을 한 번씩 모두 이용하여 왕관 모양을 완성해 보세요.

 에

8 그림에서 삼각형, 사각형, 원 중 가장 많이 있는 도형은 무엇이고, 몇 개가 있는지 구해 보세요.

(사각형), (7개)

빠른
개념 찾기
틀린 문제는 개념을
다시 확인해
보세요.

개념	문제 번호
01 △을 알아보고 찾아볼까요	2, 6, 8
02 □을 알아보고 찾아볼까요	2, 6, 8
03 ○을 알아보고 찾아볼까요	2, 3, 8
04 칠교판으로 모양을 만들어 볼까요	7
05 쌓은 모양을 알아볼까요	4
06 여러 가지 모양으로 쌓아 볼까요	1, 5

2. 여러 가지 도형 **61**

07 여러 가지 방법으로 덧셈을 해 볼까요(1)

개념 확인하기

63쪽

1 40

교과서 따라 풀기

1 사과는 모두 몇 개인지 구해 보세요.

식 16+6

방법① 이어 세기로 구하기

16 17 18 19 20 21 22

16부터 6 만큼 이어 세면 22 입니다.

방법② 수 모형으로 구하기

십 모형 2개, 일 모형 2 개는 22 입니다.

답 사과는 모두 22 개입니다.

2 계산해 보세요.

(1) 13+8= 21

(2) 5+25= 30

(3) 4+27= 31

(4) 39+6= 45

♥ 바른답 16쪽

3 두 수의 합이 더 작은 쪽에 ○표 하세요.

37+5   9+32

4 대화를 읽고, 물음에 답해 보세요.

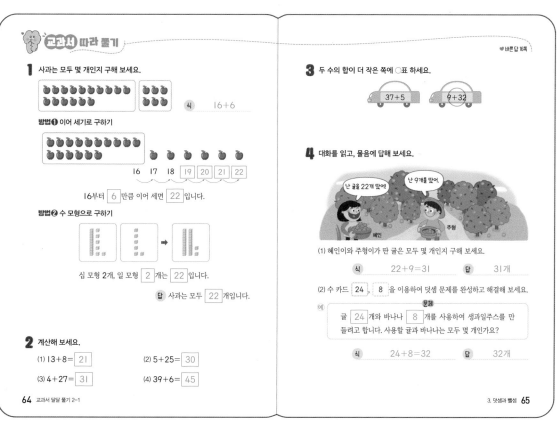

난 귤을 22개 땄어. 난 9개를 땄어.

혜인 주형

(1) 혜인이와 주형이가 딴 귤은 모두 몇 개인지 구해 보세요.

식 22+9=31   답 31개

(2) 수 카드 24 , 8 을 이용하여 덧셈 문제를 완성하고 해결해 보세요.

문제

예 귤 24 개와 바나나 8 개를 사용하여 생과일주스를 만들려고 합니다. 사용할 귤과 바나나는 모두 몇 개인가요?

식 24+8=32   답 32개

실력 키우기

♥ 바른답 16쪽

1 선으로 연결된 두 수의 합을 빈칸에 써넣으세요.

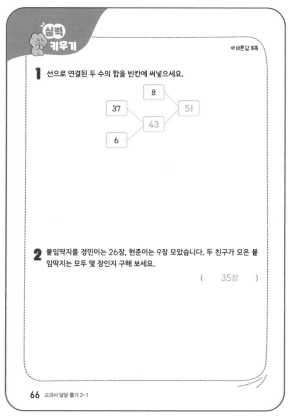

8 37 51 43 6

2 붙임딱지를 경민이는 26장, 현준이는 9장 모았습니다. 두 친구가 모은 붙임딱지는 모두 몇 장인지 구해 보세요.

(35장)

교과서 따라 풀기

2 (4) 39부터 6만큼 이어 세면 45이므로 39+6=45입니다.

3 37+5=42, 9+32=41이므로 두 수의 합이 더 작은 쪽은 9+32입니다.

실력 키우기

1 • 37부터 6만큼 이어 세면 43이므로 37+6=43입니다.
• 43부터 8만큼 이어 세면 51이므로 43+8=51입니다.

2 (두 친구가 모은 붙임딱지의 수)
= (경민이가 모은 붙임딱지의 수)
+ (현준이가 모은 붙임딱지의 수)
= 26+9=35(장)

02 여러 가지 방법으로 덧셈을 해 볼까요(2)

개념 확인하기

1 (1) (위에서부터) 53 / 10　(2) (위에서부터) 42 / 20

교과서 따라 풀기

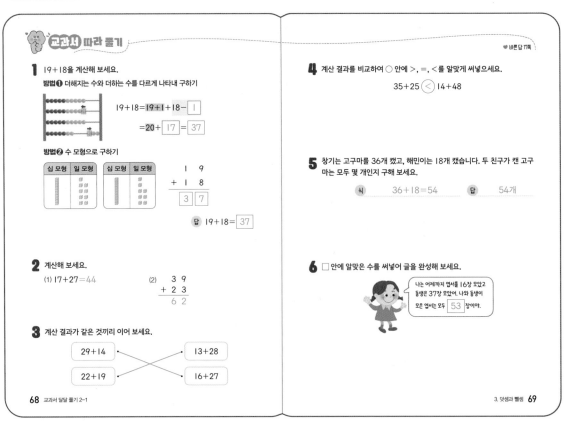

1 19+18을 계산해 보세요.

방법❶ 더해지는 수와 더하는 수를 다르게 나타내 구하기

$19+18=19+1+18-\boxed{1}$

$=20+\boxed{17}=\boxed{37}$

방법❷ 수 모형으로 구하기

십 모형	일 모형	십 모형	일 모형

　　　１　９
　　＋　１　８
　　　３　７

답　19+18=$\boxed{37}$

2 계산해 보세요.
(1) 17+27=44　　(2)　　３　９
　　　　　　　　　　＋　２　３
　　　　　　　　　　　６　２

3 계산 결과가 같은 것끼리 이어 보세요.

29+14　　　　13+28

22+19　　　　16+27

4 계산 결과를 비교하여 ○ 안에 >, =, <를 알맞게 써넣으세요.

$35+25 \boxed{<} 14+48$

5 창기는 고구마를 36개 캤고, 해민이는 18개 캤습니다. 두 친구가 캔 고구마는 모두 몇 개인지 구해 보세요.

식　36+18=54　　답　54개

6 □ 안에 알맞은 수를 써넣어 글을 완성해 보세요.

나는 어제까지 엽서를 16장 모았고 동생은 37장 모았어. 나와 동생이 모은 엽서는 모두 $\boxed{53}$ 장이야.

실력 키우기

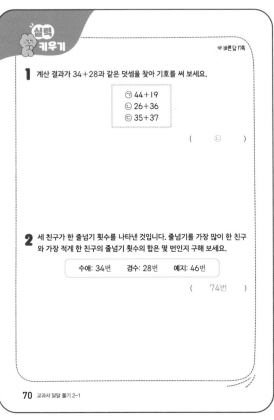

1 계산 결과가 34+28과 같은 덧셈을 찾아 기호를 써 보세요.

㉠ 44+19
㉡ 26+36
㉢ 35+37

(㉡)

2 세 친구가 한 줄넘기 횟수를 나타낸 것입니다. 줄넘기를 가장 많이 한 친구와 가장 적게 한 친구의 줄넘기 횟수의 합은 몇 번인지 구해 보세요.

수애: 34번	경수: 28번	예지: 46번

(74번)

교과서 따라 풀기

4 35+25=60, 14+48=62
　➡ 60<62

6 (나와 동생이 모은 엽서의 수)
　=(내가 모은 엽서의 수)
　　+(동생이 모은 엽서의 수)
　=16+37=53(장)

실력 키우기

1 34+28=62
　㉠ 44+19=63　　㉡ 26+36=62
　㉢ 35+37=72

2 46>34>28이므로 줄넘기를 가장 많이 한 친구는 예지이고, 가장 적게 한 친구는 경수입니다. ➡ 46+28=74(번)

03 덧셈을 해 볼까요

71쪽

1 (1) (위에서부터) 1 / 1, 0, 5　(2) (위에서부터) 1 / 1, 2, 5　(3) 137　(4) 116

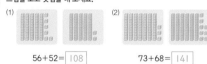

1 그림을 보고 덧셈을 해 보세요.

(1)

56+52= 108

(2)

73+68= 141

2 캥거루가 건너갈 수 있도록 두 수의 합이 같은 돌을 이어 보세요.

90+41　59+62　46+65　78+43　64+57　36+85

♥ 바른 답 18쪽

3 계산에서 잘못된 곳을 찾아 바르게 고쳐 보세요.

```
  8 5
+ 4 9
1 2 4
```
➡
```
  8 5
+ 4 9
1 3 4
```

4 정은이는 3장의 수 카드를 가지고 있습니다. 정은이가 가지고 있는 수 카드 중 한 장을 골라 주어진 계산 결과가 나오도록 완성해 보세요.

```
  7 7
+ 4 9
1 2 6
```

5 상자에 딸기 맛 사탕이 69개, 포도 맛 사탕이 83개 들어 있습니다. 상자에 들어 있는 사탕은 모두 몇 개인지 구해 보세요.

(152개)

실력 키우기

♥ 바른 답 18쪽

1 계산이 잘못된 이유를 쓰고 잘못된 곳을 찾아 바르게 고쳐 보세요.

```
  5 5
+ 5 5
1 0 0
```
➡
```
  5 5
+ 5 5
1 1 0
```

이유 예 일의 자리에서 받아올림한 수를 더하지 않고 십의 자리 계산

을 했기 때문에 잘못되었습니다.

2 수 카드 7 , 8 , 9 중에서 2장을 골라 한 번씩만 사용하여 주어진

계산 결과가 나오도록 완성해 보세요.

```
  6 9
+ 7 4
1 4 3
```

교과서 따라 풀기

4 • 일의 자리 계산: 7+9=16
　• 십의 자리 계산: 1+7+□=12,
　　　　　　　　8+□=12
　　　　　　➡ □=4

5 (상자에 들어 있는 사탕의 수)
　=(딸기 맛 사탕의 수)+(포도 맛 사탕의 수)
　=69+83=152(개)

실력 키우기

2 • 일의 자리 계산: □+4=13
　　　　　　➡ □=9
　• 십의 자리 계산: 1+6+□=14,
　　　　　　　　7+□=14
　　　　　　➡ □=7

04 여러 가지 방법으로 뺄셈을 해 볼까요(1)

75쪽

1 27

교과서 따라 풀기

바른답 19쪽

1 누리는 밤 13개 중 7개를 친구에게 나누어 주었습니다. 남은 밤은 몇 개인지 구해 보세요.

● ● ● ● ● ● ● ● ● ●
● ● ●

식 13−7

방법❶ 거꾸로 세어 구하기

● ● ● ● ● ● ● ● ● ● ● ● ●
6 7 8 9 10 11 12 13

13부터 7 만큼 거꾸로 세면 6 입니다.

방법❷ 십 배열판의 그림을 지워 구하기

7 만큼 /으로 지우면 남는 ○의 수는 6 입니다.

답 남은 밤은 6 개입니다.

2 계산해 보세요.

(1) 16−7= 9   (2) 26−9= 17

(3) 24−6= 18   (4) 33−8= 25

3 화살 두 개를 던져 맞힌 두 수의 차가 17입니다. 맞힌 두 수에 ○표 하세요.

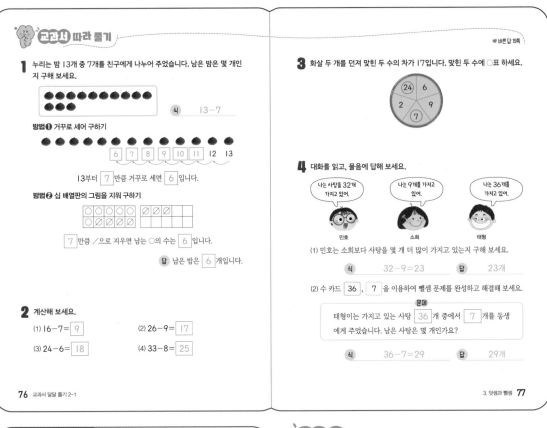

4 대화를 읽고, 물음에 답해 보세요.

나는 사탕을 32개 가지고 있어. 민호
나는 9개를 가지고 있어. 소희
나는 36개를 가지고 있어. 태형

(1) 민호는 소희보다 사탕을 몇 개 더 많이 가지고 있는지 구해 보세요.

식 32−9=23   **답** 23개

(2) 수 카드 36 , 7 을 이용하여 뺄셈 문제를 완성하고 해결해 보세요.

문제
태형이는 가지고 있는 사탕 36 개 중에서 7 개를 동생에게 주었습니다. 남은 사탕은 몇 개인가요?

식 36−7=29   **답** 29개

실력 키우기

바른답 19쪽

1 주어진 수 중에서 두 수를 골라 뺄셈식을 완성해 보세요.

7 3 9 21 10

21 − 3 =18

2 공원에 어린이가 34명 있었습니다. 잠시 후 어린이 8명이 집으로 돌아갔다면 공원에 남아 있는 어린이는 몇 명인가요?

(26명)

교과서 따라 풀기

2 (4) 33부터 8만큼 거꾸로 세면 25이므로 33−8=25입니다.

3 24−6=18, 24−9=15, 24−7=17, 24−2=22이므로 맞힌 두 수는 24와 7입니다.

실력 키우기

1 21−7=14, 21−3=18, 21−9=12, 21−10=11이므로 차가 18이 되는 두 수는 21과 3입니다.

2 (공원에 남아 있는 어린이의 수)
  =(처음 공원에 있던 어린이의 수)
   −(집으로 돌아간 어린이의 수)
  =34−8=26(명)

05 여러 가지 방법으로 뺄셈을 해 볼까요(2)

개념 확인하기

1 (1) (위에서부터) 8 / 10　(2) (위에서부터) 23 / 20

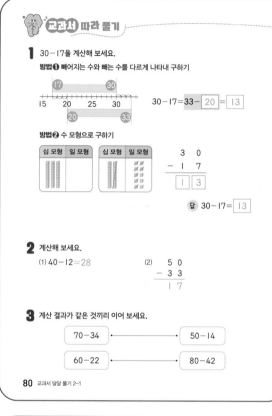

교과서 따라 풀기

1 30−17을 계산해 보세요.

방법❶ 빼어지는 수와 빼는 수를 다르게 나타내 구하기

30−17=33−20=13

방법❷ 수 모형으로 구하기

3 0
− 1 7
1 3

답　30−17=13

2 계산해 보세요.
(1) 40−12=28
(2) 5 0
　 − 3 3
　　 1 7

3 계산 결과가 같은 것끼리 이어 보세요.

70−34 ↔ 50−14
60−22 ↔ 80−42

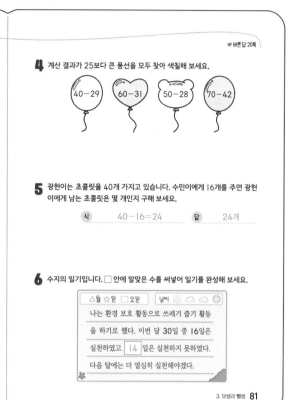

4 계산 결과가 25보다 큰 풍선을 모두 찾아 색칠해 보세요.

40−29　60−31　50−28　70−42

5 광현이는 초콜릿을 40개 가지고 있습니다. 수민이에게 16개를 주면 광현이에게 남는 초콜릿은 몇 개인지 구해 보세요.

식　40−16=24　답　24개

6 수지의 일기입니다. □ 안에 알맞은 수를 써넣어 일기를 완성해 보세요.

△월 ☆일 □요일　날씨 ☀ ☁ ☂ ❄

나는 환경 보호 활동으로 쓰레기 줍기 활동을 하기로 했다. 이번 달 30일 중 16일은 실천하였고 14 일은 실천하지 못하였다. 다음 달에는 더 열심히 실천해야겠다.

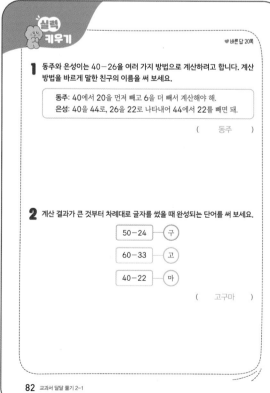

실력 키우기

1 동주와 은성이는 40−26을 여러 가지 방법으로 계산하려고 합니다. 계산 방법을 바르게 말한 친구의 이름을 써 보세요.

동주: 40에서 20을 먼저 빼고 6을 더 빼서 계산해야 해.
은성: 40을 44로, 26을 22로 나타내어 44에서 22를 빼면 돼.

(　동주　)

2 계산 결과가 큰 것부터 차례대로 글자를 썼을 때 완성되는 단어를 써 보세요.

50−24　구
60−33　고
40−22　마

(　고구마　)

교과서 따라 풀기

4 40−29=11, 60−31=29,
50−28=22, 70−42=28

6 (이번 달의 날수)
−(쓰레기 줍기 활동을 실천한 날수)
=30−16=14(일)

실력 키우기

1 은성: 40을 44로, 26을 30으로 나타내어 44에서 30을 빼면 됩니다.
따라서 바르게 말한 친구는 동주입니다.

2 50−24=26, 60−33=27,
40−22=18이므로 계산 결과를 비교하면 27>26>18입니다.
따라서 완성되는 단어는 고구마입니다.

06 뺄셈을 해 볼까요

83쪽

개념 확인하기

1 (1) (위에서부터) 2, 10 / 1, 8   (2) (위에서부터) 4, 10 / 2, 9   (3) 38   (4) 59

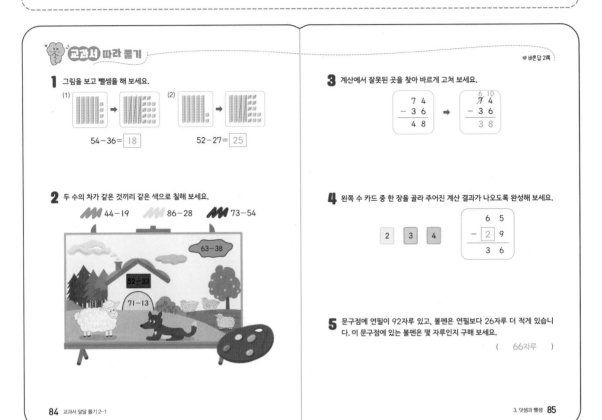

교과서 따라 풀기

1 그림을 보고 뺄셈을 해 보세요.

54-36 = 18   52-27 = 25

2 두 수의 차가 같은 것끼리 같은 색으로 칠해 보세요.

44-19   86-28   73-54

63-38
52-33
71-13

3 계산에서 잘못된 곳을 찾아 바르게 고쳐 보세요.

```
   7 4          6 10
 - 3 6    ➡    7 4
 ─────       - 3 6
   4 8        ─────
                3 8
```

4 왼쪽 수 카드 중 한 장을 골라 주어진 계산 결과가 나오도록 완성해 보세요.

2   3   4

```
   6 5
 - 2 9
 ─────
   3 6
```

5 문구점에 연필이 92자루 있고, 볼펜은 연필보다 26자루 더 적게 있습니다. 이 문구점에 있는 볼펜은 몇 자루인지 구해 보세요.

(66자루)

84 교과서 달달 풀기 2-1
3. 덧셈과 뺄셈 85

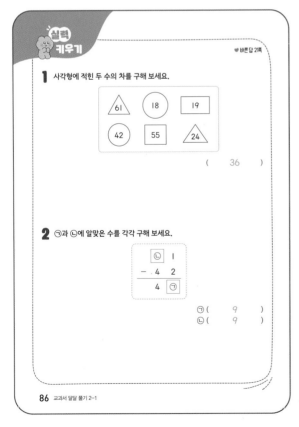

실력 키우기

1 사각형에 적힌 두 수의 차를 구해 보세요.

61   18   19
42   55   24

(36)

2 ㉠과 ㉡에 알맞은 수를 각각 구해 보세요.

```
   ㉡ 1
 - 4 2
 ─────
   4 ㉠
```

㉠ (9)
㉡ (9)

86 교과서 달달 풀기 2-1

교과서 따라 풀기

4 • 일의 자리 계산: 5는 9보다 작으므로 십의 자리에서 받아내림하여 계산합니다.
• 십의 자리 계산: 일의 자리로 받아내림하였으므로 5에서 2를 빼면 3이 됩니다. 따라서 □ 안에는 2가 들어가야 합니다.

5 (문구점에 있는 볼펜의 수)
=92-26=66(자루)

실력 키우기

1 사각형에 적힌 두 수: 19, 55
➡ (두 수의 차)=55-19=36

2 • 일의 자리 계산: 10+1-2=㉠
➡ ㉠=9
• 십의 자리 계산: ㉡-1-4=4 ➡ ㉡=9

07 세 수의 계산을 해 볼까요

87쪽

개념 확인하기

1 (◯) ( ) **2** (1) (계산 순서대로) 42, 42, 30 / 30
　　　　　　　　　　(2) (계산 순서대로) 35, 35, 66 / 66

교과서 따라 풀기

1 □ 안에 알맞은 수를 써넣으세요.

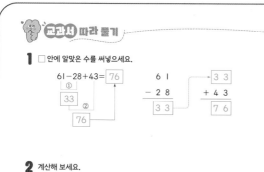

2 계산해 보세요.

(1) 37＋15－17＝ 35　　(2) 50－22＋18＝ 46

3 민재가 집에 가려고 합니다. 민재의 집은 길을 따라갔을 때 계산 결과가 더 큰 곳입니다. □ 안에 계산 결과를 써넣고, 민재의 집에 ○표 하세요.

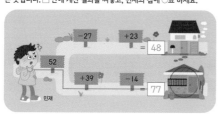

4 버스에 47명이 타고 있었는데 다음 정류장에서 12명이 타고, 25명이 내렸습니다. 지금 버스에 타고 있는 사람은 몇 명인지 구해 보세요.

식　　47＋12－25＝34

답　　34명

5 계산 결과가 더 큰 친구의 이름을 써 보세요.

21에 19를 더하고 14를 뺐어.　　25에서 16을 빼고 24를 더했어.

지환　　　　수미

(수미)

6 수 카드에 적힌 세 수를 이용하여 계산 결과가 가장 큰 세 수의 계산식을 만들려고 합니다. □ 안에 알맞은 수를 써넣으세요.

29　33　11　　33＋ 29 － 11 ＝ 51

88　교과서 달달 풀기 2-1

3. 덧셈과 뺄셈 89

실력 키우기

1 어머니의 나이는 44살입니다. 성희는 어머니보다 35살 적고 오빠는 성희보다 3살 더 많습니다. 오빠의 나이는 몇 살인지 구해 보세요.

(12살)

2 가장 큰 수와 가장 작은 수를 더한 값에서 나머지 수를 뺀 값을 구해 보세요.

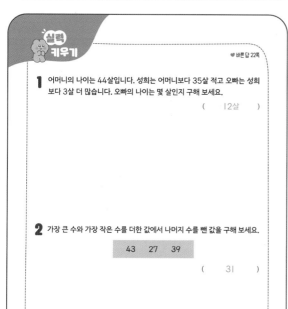

43　27　39

(31)

90　교과서 달달 풀기 2-1

교과서 따라 풀기

3 52－27＋23＝48,
52＋39－14＝77
따라서 48<77이므로 아랫집이 민재의 집입니다.

5 지환: 21＋19－14＝26
수미: 25－16＋24＝**33**

6 계산 결과가 가장 크려면 가장 큰 수 33과 두 번째로 큰 수 29를 더하고 가장 작은 수 11을 빼야 합니다. ➡ 33＋29－11＝51

실력 키우기

1 (오빠의 나이)＝44－35＋3＝12(살)

2 가장 큰 수: 43, 가장 작은 수: 27
➡ 43＋27－39＝31

22　교과서 달달 풀기 2-1

08 덧셈과 뺄셈의 관계를 식으로 나타내 볼까요

91쪽

개념 확인하기

1 (위에서부터) 7 / 7, 18   **2** (위에서부터) 9 / 12, 21

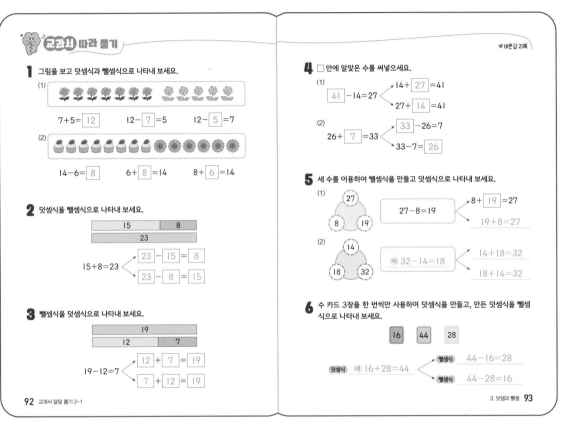

교과서 따라 풀기

1 그림을 보고 덧셈식과 뺄셈식으로 나타내 보세요.

(1)

$7+5=$ [12] $12-$ [7] $=5$ $12-$ [5] $=7$

(2)

$14-6=$ [8] $6+$ [8] $=14$ $8+$ [6] $=14$

2 덧셈식을 뺄셈식으로 나타내 보세요.

| 15 | 8 |
| 23 | |

$15+8=23$ ⟨ $23-$ [15] $=$ [8] / $23-$ [8] $=$ [15]

3 뺄셈식을 덧셈식으로 나타내 보세요.

| 19 | |
| 12 | 7 |

$19-12=7$ ⟨ [12] $+$ [7] $=$ [19] / [7] $+$ [12] $=$ [19]

92 교과서 달달 풀기 2-1

♥ 바른답 23쪽

4 □ 안에 알맞은 수를 써넣으세요.

(1)

[41] $-14=27$ ⟨ $14+$ [27] $=41$ / $27+$ [14] $=41$

(2)

$26+$ [7] $=33$ ⟨ [33] $-26=7$ / $33-7=$ [26]

5 세 수를 이용하여 뺄셈식을 만들고 덧셈식으로 나타내 보세요.

(1)

27 / 8 / 19

$27-8=19$ ⟨ $8+$ [19] $=27$ / $19+8=27$

(2)

14 / 18 / 32

(예) $32-14=18$ ⟨ $14+18=32$ / $18+14=32$

6 수 카드 3장을 한 번씩만 사용하여 덧셈식을 만들고, 만든 덧셈식을 뺄셈식으로 나타내 보세요.

16   44   28

덧셈식 (예) $16+28=44$ ⟨ 뺄셈식 $44-16=28$ / 뺄셈식 $44-28=16$

3. 덧셈과 뺄셈 93

실력 키우기

♥ 바른답 23쪽

1 ㉠과 ㉡에 알맞은 수를 각각 구해 보세요.

$34+㉠=51$
➡ $51-㉡=17$

㉠ (17   )
㉡ (34   )

2 공에 적힌 수 중 세 수를 골라 한 번씩만 사용하여 뺄셈식을 만들고, 만든 뺄셈식을 덧셈식으로 나타내 보세요.

38   62   24   14

뺄셈식 (예) $62-38=24$ ⟨ 덧셈식 $38+24=62$ / 덧셈식 $24+38=62$

94 교과서 달달 풀기 2-1

교과서 따라 풀기

6 수 카드를 사용하여 만들 수 있는 덧셈식은 $16+28=44$, $28+16=44$입니다.

실력 키우기

1 $34+㉠=51$
$51-㉡=17$
➡ $㉠=17$, $㉡=34$

2 공에 적힌 수 중 세 수를 골라 한 번씩만 사용하여 만들 수 있는 뺄셈식은
$62-38=24$, $62-24=38$,
$38-24=14$, $38-14=24$입니다.
이 중에서 하나를 골라 덧셈식 2개를 만듭니다.

3. 덧셈과 뺄셈 **23**

09 □가 사용된 식을 만들고 □의 값을 구해 볼까요

95쪽

개념 확인하기

1 (1) 6+□=11에 색칠   (2) 13−□=9에 색칠

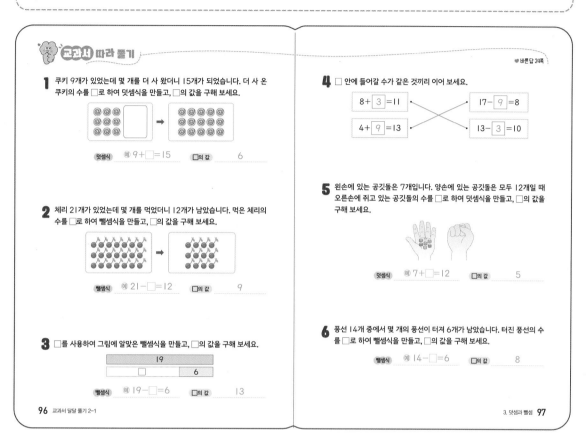

교과서 따라 풀기

1 쿠키 9개가 있었는데 몇 개를 더 사 왔더니 15개가 되었습니다. 더 사 온 쿠키의 수를 □로 하여 덧셈식을 만들고, □의 값을 구해 보세요.

덧셈식 예 9+□=15   □의 값   6

2 체리 21개가 있었는데 몇 개를 먹었더니 12개가 남았습니다. 먹은 체리의 수를 □로 하여 뺄셈식을 만들고, □의 값을 구해 보세요.

뺄셈식 예 21−□=12   □의 값   9

3 □를 사용하여 그림에 알맞은 뺄셈식을 만들고, □의 값을 구해 보세요.

19	
□	6

뺄셈식 예 19−□=6   □의 값   13

4 □ 안에 들어갈 수가 같은 것끼리 이어 보세요.

8+ 3 =11 — 17− 9 =8

4+ 9 =13 — 13− 3 =10

5 왼손에 있는 공깃돌은 7개입니다. 양손에 있는 공깃돌은 모두 12개일 때 오른손에 쥐고 있는 공깃돌의 수를 □로 하여 덧셈식을 만들고, □의 값을 구해 보세요.

덧셈식 예 7+□=12   □의 값   5

6 풍선 14개 중에서 몇 개의 풍선이 터져 6개가 남았습니다. 터진 풍선의 수를 □로 하여 뺄셈식을 만들고, □의 값을 구해 보세요.

뺄셈식 예 14−□=6   □의 값   8

실력 키우기

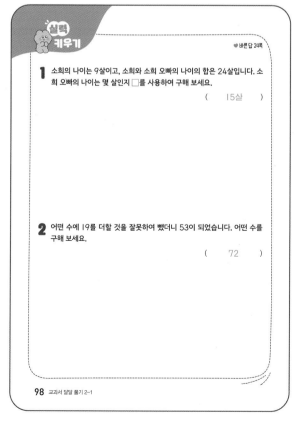

1 소희의 나이는 9살이고, 소희와 소희 오빠의 나이의 합은 24살입니다. 소희 오빠의 나이는 몇 살인지 □를 사용하여 구해 보세요.

(15살)

2 어떤 수에 19를 더할 것을 잘못하여 뺐더니 53이 되었습니다. 어떤 수를 구해 보세요.

(72)

교과서 따라 풀기

5 7+□=12
➡ 12−7=□이므로 □=5입니다.

6 14−□=6
➡ 14−6=□이므로 □=8입니다.

실력 키우기

1 소희 오빠의 나이를 □로 하여 덧셈식을 만들면 9+□=24입니다.
➡ 24−9=□이므로 □=15입니다.
따라서 소희 오빠의 나이는 15살입니다.

2 어떤 수를 □라 하고 잘못 계산한 식을 세우면 □−19=53입니다.
➡ 53+19=□이므로 □=72입니다.
따라서 어떤 수는 72입니다.

3

$$34-15=19 \qquad 34-15=19$$

$$15+19=34 \qquad 19+15=34$$

4 ・합: $74+45=119$

・차: $74-45=29$

5 ㉠ $39+45=84$

㉡ $22+58=80$

따라서 $84>80$이므로 계산 결과가 더 큰 것은 ㉠입니다.

7 (사과의 수)$=34+18-27$

$$=52-27=25(개)$$

8 ① $39+18=57$ ➡ 힘

② $62-14=48$ ➡ 을

③ $23+13-25=11$ ➡ 내

④ $61-42+12=31$ ➡ 자

따라서 암호는 힘을 내자입니다.

---

1 계산해 보세요.

(1) $35+7=42$

(2)
```
   2 8
 + 3 3
 ─────
   6 1
```

(3)
```
   5 7
 + 7 5
 ─────
 1 3 2
```

(4) $41-8=33$

(5)
```
   8 0
 - 2 6
 ─────
   5 4
```

(6)
```
   7 4
 - 4 6
 ─────
   2 8
```

2 계산해 보세요.

(1) $25+18-11=$ 32

(2) $30-12+18=$ 36

(3) $13+57-29=$ 41

(4) $52-34+45=$ 63

3 그림에 알맞은 뺄셈식을 만들고, 뺄셈식을 덧셈식으로 나타내 보세요.

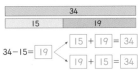

$34-15=$ 19 $\begin{cases} 15 + 19 = 34 \\ 19 + 15 = 34 \end{cases}$

3. 덧셈과 뺄셈 **99**

---

4 두 수의 합과 차를 각각 구해 보세요.

74   45

합 (119)
차 (29)

5 계산 결과가 더 큰 것의 기호를 써 보세요.

㉠ $39+45$ ㉡ $22+58$

(㉠)

6 그림을 보고 물음에 답해 보세요.

(1) 새로 핀 꽃의 수를 □로 하여 덧셈식을 만들고, □의 값을 구해 보세요.

덧셈식 예 $10+\square=16$ □의 값 6

(2) 시든 꽃의 수를 □로 하여 뺄셈식을 만들고, □의 값을 구해 보세요.

뺄셈식 예 $10-\square=5$ □의 값 5

100 교과서 달달 풀기 2-1

---

7 냉장고에 토마토가 34개, 당근이 18개 있습니다. 사과는 토마토와 당근을 합한 것보다 27개 더 적게 있을 때 사과는 몇 개 있는지 구해 보세요.

(25개)

8 문제를 해결하여 암호를 완성해 보세요.

문제
① $39+18=\square$
② $62-14=\square$
③ $23+13-25=\square$
④ $61-42+12=\square$

답	글자
38	바
11	내
57	힘
31	자
48	을

암호는 힘 을 내 자 입니다.
　　　　①　②　③　④

빠른 개념 찾기
틀린 문제는 개념을 다시 확인해 보세요

개념	문제 번호
01 여러 가지 방법으로 덧셈을 해 볼까요(1)	1
02 여러 가지 방법으로 덧셈을 해 볼까요(2)	1, 5, 8
03 덧셈을 해 볼까요	1, 4
04 여러 가지 방법으로 뺄셈을 해 볼까요(1)	1
05 여러 가지 방법으로 뺄셈을 해 볼까요(2)	1
06 뺄셈을 해 볼까요	1, 4, 8
07 세 수의 계산을 해 볼까요	2, 7, 8
08 덧셈과 뺄셈의 관계를 식으로 나타내 볼까요	3
09 □가 사용된 식을 만들고 □의 값을 구해 볼까요	6

3. 덧셈과 뺄셈 **101**

3. 덧셈과 뺄셈 **25**

길이를 비교하는 방법을 알아볼까요

1 (1) 없습니다에 ○표 (2) ㉠

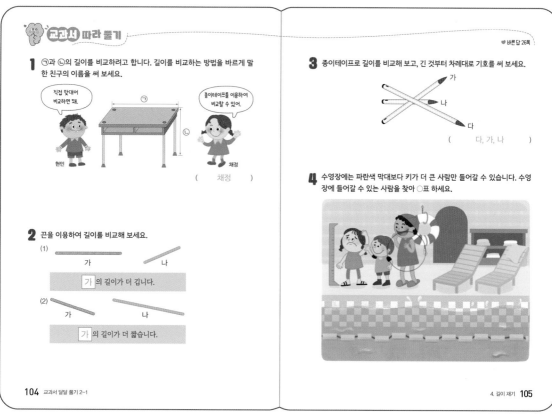

따라 풀기

1 ㉠과 ㉡의 길이는 직접 맞대어 길이를 비교하기 어려우므로 바르게 말한 친구는 채정이입니다.

3 직접 맞대어 비교할 수 없는 길이는 구체물을 이용하여 비교할 수 있습니다.

실력 키우기

1 종이테이프나 끈을 이용하여 ㉠, ㉡, ㉢의 길이만큼 본뜬 다음 서로 맞대어 길이를 비교하면 길이가 가장 짧은 것은 ㉢입니다.

2 종이테이프나 끈을 이용하여 초록색 막대의 길이만큼 본뜬 후 직접 맞대어 비교해 보면 놀이 기구를 탈 수 없는 친구는 성주입니다.

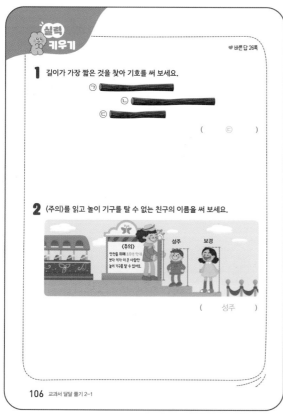

02 여러 가지 단위로 길이를 재어 볼까요

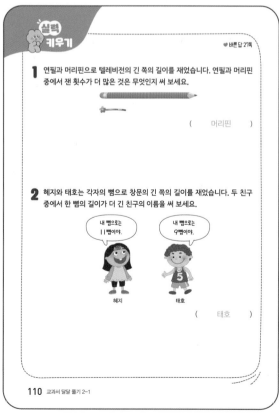

1 4

교과서 따라 풀기

1 주어진 단위로 물건의 길이를 재어 보세요.

(1)

붓의 길이는 📷으로 **9** 번입니다.

(2)

볼펜의 길이는 📷으로 **7** 번입니다.

2 여러 가지 단위로 책꽂이의 긴 쪽의 길이를 재어 보세요.

단위	잰 횟수
	5 번
	7 번

바른답 27쪽

3 왼쪽 사물함의 긴 쪽의 길이를 서로 다른 단위로 재었습니다. 잰 횟수가 가장 적은 친구를 찾아 이름을 써 보세요.

> 준우: 난 교과서의 긴 쪽으로 재었어.
> 민경: 난 머리핀으로 재었어.
> 동희: 난 뼘으로 재었어.

(**준우**)

4 색연필의 길이는 못으로 몇 번인지 써 보세요.

색연필의 길이는 못으로 **5** 번입니다.

5 수수깡의 길이를 두 가지 물건으로 재어 보고 알맞은 말에 ○표 하세요.

(1) 클립의 길이가 크레파스의 길이보다 더 (**짧습니다**, 깁니다).
(2) 클립으로 잰 횟수가 크레파스로 잰 횟수보다 더 (적습니다, **많습니다**).

실력 키우기

바른답 27쪽

1 연필과 머리핀으로 텔레비전의 긴 쪽의 길이를 재었습니다. 연필과 머리핀 중에서 잰 횟수가 더 많은 것은 무엇인지 써 보세요.

(**머리핀**)

2 혜지와 태호는 각각의 뼘으로 창문의 긴 쪽의 길이를 재었습니다. 두 친구 중에서 한 뼘의 길이가 더 긴 친구의 이름을 써 보세요.

> 혜지: 내 뼘으로는 11뼘이야.
> 태호: 내 뼘으로는 9뼘이야.

혜지   태호

(**태호**)

교과서 따라 풀기

3 단위의 길이가 길수록 잰 횟수는 적습니다. 따라서 잰 횟수가 가장 적은 친구는 준우입니다.

5 클립의 길이가 크레파스의 길이보다 더 짧고, 단위의 길이가 짧을수록 잰 횟수는 많습니다.

실력 키우기

1 길이를 잴 때 사용하는 단위의 길이가 짧을수록 잰 횟수는 많습니다. 따라서 머리핀의 길이가 더 짧으므로 잰 횟수가 더 많습니다.

2 한 뼘의 길이가 길수록 잰 횟수는 적습니다. 따라서 11>9이므로 한 뼘의 길이가 더 긴 친구는 태호입니다.

03 1 cm를 알아볼까요

개념 확인하기

1 4, 3 / 없습니다에 ◯표   **2** 2 / 2

교과서 따라 풀기

1 길이를 쓰고 읽어 보세요.

(1) 1cm   쓰기 1cm   읽기 (1 센티미터)

(2) 3cm   쓰기 3cm   읽기 (3 센티미터)

(3) 5cm   쓰기 5cm   읽기 (5 센티미터)

2 □ 안에 알맞은 수를 써넣으세요.

(1) 4 cm는 1 cm가 4 번입니다.

(2) 1 cm가 7번이면 7 cm입니다.

(3) 1 cm가 10 번이면 10 cm입니다.

3 주어진 길이만큼 점선을 따라 선을 그어 보세요.

(1) 2cm

(2) 4cm

(3) 8cm

♥ 바른답 28쪽

4 곰이 꿀을 가지러 빨간색 선을 따라갈 때 곰이 지나간 길은 몇 cm인지 구해 보세요.

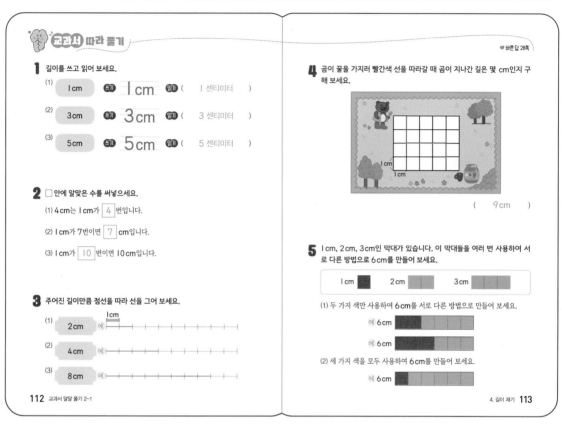

(9 cm)

5 1 cm, 2 cm, 3 cm인 막대가 있습니다. 이 막대들을 여러 번 사용하여 서로 다른 방법으로 6 cm를 만들어 보세요.

1 cm   2 cm   3 cm

(1) 두 가지 색만 사용하여 6 cm를 서로 다른 방법으로 만들어 보세요.

예 6 cm

예 6 cm

(2) 세 가지 색을 모두 사용하여 6 cm를 만들어 보세요.

예 6 cm

실력 키우기

♥ 바른답 28쪽

1 그림에서 초록색 선의 전체 길이는 몇 cm인지 구해 보세요.

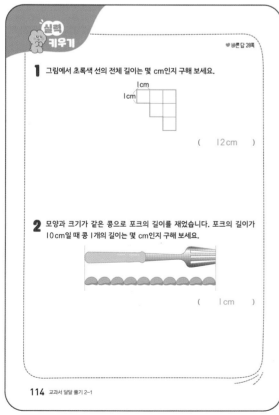

(12 cm)

2 모양과 크기가 같은 콩으로 포크의 길이를 재었습니다. 포크의 길이가 10 cm일 때 콩 1개의 길이는 몇 cm인지 구해 보세요.

(1 cm)

교과서 따라 풀기

3 (2) 눈금 4칸만큼 선을 긋습니다.
　 (3) 눈금 8칸만큼 선을 긋습니다.

4 곰이 지나간 길은 1 cm로 9번입니다.
　 따라서 곰이 지나간 길은 9 cm입니다.

실력 키우기

1 초록색 선의 전체 길이는 1 cm로 12번입니다.
　 따라서 초록색 선의 전체 길이는 12 cm입니다.

2 포크의 길이가 10 cm이므로 콩 10개의 길이는 10 cm입니다.
　 따라서 콩 1개의 길이는 1 cm입니다.

04 자로 길이를 재는 방법을 알아볼까요

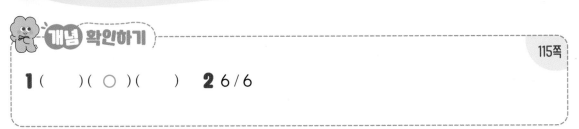

개념 확인하기

1 (   ) (○) (   )   **2** 6 / 6

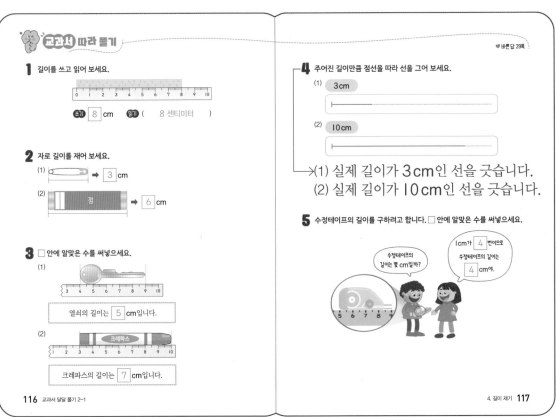

교과서 따라 풀기

1 길이를 쓰고 읽어 보세요.

쓰기 8 cm   읽기 (8 센티미터   )

2 자로 길이를 재어 보세요.

(1) ➡ 3 cm

(2) 껌 ➡ 6 cm

3 □ 안에 알맞은 수를 써넣으세요.

(1) 열쇠의 길이는 5 cm입니다.

(2) 크레파스의 길이는 7 cm입니다.

♥바른답 29쪽

4 주어진 길이만큼 점선을 따라 선을 그어 보세요.

(1) 3 cm

(2) 10 cm

→(1) 실제 길이가 3 cm인 선을 긋습니다.
(2) 실제 길이가 10 cm인 선을 긋습니다.

5 수정테이프의 길이를 구하려고 합니다. □ 안에 알맞은 수를 써넣으세요.

수정테이프의 길이는 몇 cm일까?

1 cm가 4 번이므로 수정테이프의 길이는 4 cm야.

116 교과서 달달 풀기 2-1

4. 길이 재기 **117**

실력 키우기

♥바른답 29쪽

1 못의 길이가 더 긴 것의 기호를 써 보세요.

가

나

(나   )

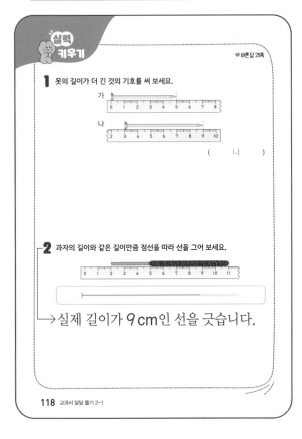

2 과자의 길이와 같은 길이만큼 점선을 따라 선을 그어 보세요.

→실제 길이가 9 cm인 선을 긋습니다.

118 교과서 달달 풀기 2-1

교과서 따라 풀기

5 눈금 5에서 9까지이므로 수정테이프의 길이는 4 cm입니다.

실력 키우기

1 가: 눈금 0에서 5까지이므로 못의 길이는 5 cm입니다.
나: 눈금 3에서 9까지이므로 못의 길이는 6 cm입니다.
따라서 5 cm<6 cm이므로 못의 길이가 더 긴 것은 나입니다.

2 눈금 2에서 11까지이므로 과자의 길이는 9 cm입니다.
점선의 한쪽 끝을 자의 눈금 0에 맞추고 자의 눈금 9까지 점선을 따라 선을 긋습니다.

05 자로 길이를 재어 볼까요

119쪽

개념 확인하기

1 (1) 9 / 9 (2) 3 / 6

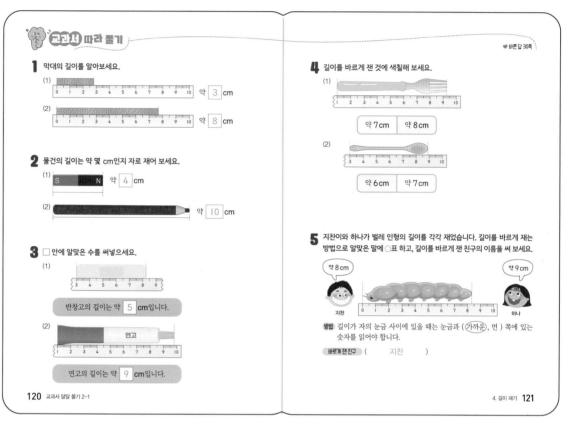

교과서 따라 풀기

1 막대의 길이를 알아보세요.

(1) 약 3 cm

(2) 약 8 cm

2 물건의 길이는 약 몇 cm인지 자로 재어 보세요.

(1) S N 약 4 cm

(2) 약 10 cm

3 □ 안에 알맞은 수를 써넣으세요.

(1) 반창고의 길이는 약 5 cm입니다.

(2) 연고 연고의 길이는 약 9 cm입니다.

4 길이를 바르게 잰 것에 색칠해 보세요.

(1) 약 7 cm 약 8 cm

(2) 약 6 cm 약 7 cm

5 지찬이와 하나가 벌레 인형의 길이를 각각 재었습니다. 길이를 바르게 재는 방법으로 알맞은 말에 ○표 하고, 길이를 바르게 잰 친구의 이름을 써 보세요.

약 8 cm 지찬   약 9 cm 하나

방법 길이가 자의 눈금 사이에 있을 때는 눈금과 (가까운, 먼) 쪽에 있는 숫자를 읽어야 합니다.

바르게 잰 친구 (지찬)

실력 키우기

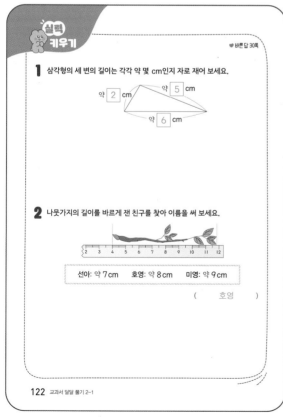

1 삼각형의 세 변의 길이는 각각 약 몇 cm인지 자로 재어 보세요.

약 2 cm 약 5 cm 약 6 cm

2 나뭇가지의 길이를 바르게 잰 친구를 찾아 이름을 써 보세요.

선아: 약 7 cm   호영: 약 8 cm   미영: 약 9 cm

(호영)

교과서 따라 풀기

3 (1) 8 cm에 가깝지만 3 cm부터 재었기 때문에 반창고의 길이는 약 5 cm입니다.

(2) 10 cm에 가깝지만 1 cm부터 재었기 때문에 연고의 길이는 약 9 cm입니다.

5 8 cm와 9 cm 사이에 있고, 8 cm에 가까우므로 벌레 인형의 길이는 약 8 cm입니다.

실력 키우기

1 길이가 자의 눈금 사이에 있을 때는 눈금과 가까운 쪽에 있는 숫자를 읽으며, 숫자 앞에 '약'을 붙여야 합니다.

2 12 cm에 가깝지만 4 cm부터 재었기 때문에 나뭇가지의 길이는 약 8 cm입니다.
따라서 바르게 잰 친구는 호영이입니다.

06 길이를 어림하고 어떻게 어림했는지 말해 볼까요

개념 확인하기

123쪽

1 (1) 예 3 / 3   (2) 예 8 / 8

교과서 따라 풀기

1 주어진 길이를 어림하여 점선을 따라 선을 그어 보세요.

(1) 1 cm 예 ├─────────────┤

(2) 2 cm 예 ├─────────────┤

(3) 8 cm 예 ├─────────────┤

→ 자를 이용해 그은 선의 길이가 주어진 길이에 가까운지 확인합니다.

2 인형들의 길이를 어림하고 자로 재어 확인해 보세요.

가   나   다

인형	어림한 길이	자로 잰 길이
가	약 6 cm	6 cm
나	약 4 cm	4 cm
다	약 3 cm	3 cm

예

바른답 31쪽

3 칫솔의 길이를 어림하고 자로 재어 확인해 보세요.

어림한 길이 (예 약 11 cm)
자로 잰 길이 (11 cm)

4 실제 길이에 가장 가까운 것을 찾아 이어 보세요.

60 cm
1 cm
20 cm

5 세 사람이 약 6 cm를 어림하여 종이테이프를 잘랐습니다. 6 cm에 가장 가깝게 어림한 친구를 찾아 이름을 써 보세요.

민지 ▬▬▬▬▬
시혁 ▬▬▬▬▬▬
은교 ▬▬▬▬▬▬▬▬

(시혁)

실력 키우기

바른답 31쪽

1 1 cm, 2 cm인 선이 있습니다. 자를 사용하지 않고 5 cm에 가깝게 점선을 따라 선을 그어 보세요.

1 cm ──   2 cm ──

예 ├──────────┤

→ 자를 이용해 그은 선의 길이가 5 cm에 가까운지 확인합니다.

2 실제 길이가 12 cm인 형광펜을 예원, 재현, 새연이가 다음과 같이 어림하였습니다. 실제 길이에 가장 가깝게 어림한 친구를 찾아 이름을 써 보세요.

약 9 cm야.   약 14 cm야.   약 11 cm야.

예원   재현   새연

(새연)

교과서 따라 풀기

5 세 사람이 자른 종이테이프의 길이를 자로 재어 보면 민지는 4 cm, 시혁이는 6 cm, 은교는 7 cm입니다.
따라서 6 cm에 가장 가깝게 어림한 친구는 시혁이입니다.

실력 키우기

1 1 cm인 선을 5번 사용하거나 1 cm인 선을 1번, 2 cm인 선을 2번 사용하여 5 cm에 가깝게 점선을 따라 선을 긋습니다.

2 어림한 길이와 실제 길이의 차가 작을수록 더 가깝게 어림한 것입니다.
예원: 12－9＝3 (cm)
재현: 14－12＝2 (cm)
새연: 12－11＝1 (cm)

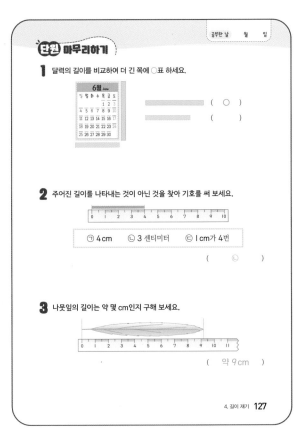

2 1 cm가 4번이므로 4 cm이고, 4 센티미터라고 읽습니다.
따라서 주어진 길이를 나타내는 것이 아닌 것은 ⓒ입니다.

3 길이가 자의 눈금 사이에 있을 때는 눈금과 가까운 쪽에 있는 숫자를 읽어야 하므로 나뭇잎의 길이는 약 9 cm입니다.

5 눈금 9칸만큼 선을 긋습니다.

6 물건의 한쪽 끝을 자의 눈금 0에 맞추고 다른 쪽 끝에 있는 자의 눈금을 읽습니다.

7 가: 눈금 4에서 10까지이므로 길이는 6 cm입니다.
나: 눈금 2에서 9까지이므로 길이는 7 cm입니다.
따라서 6 cm<7 cm이므로 나 장미의 길이가 더 깁니다.

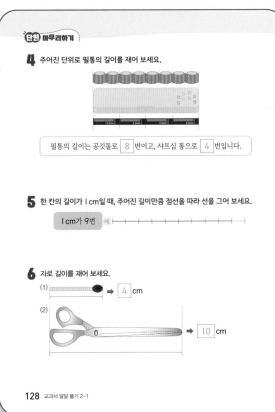

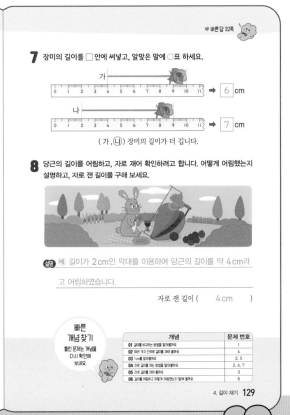

분류는 어떻게 할까요

131쪽

1 (○)(   )

교과서 따라 풀기

바른답 33쪽

1 안경을 분류하려고 합니다. 분류 기준을 알맞게 말한 친구의 이름을 써 보세요.

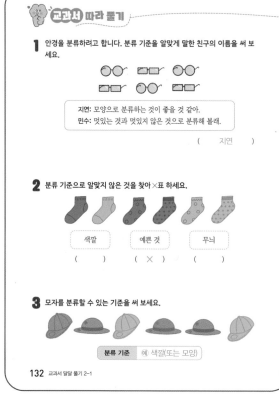

지연: 모양으로 분류하는 것이 좋을 것 같아.
민수: 멋있는 것과 멋있지 않은 것으로 분류해 볼래.

(지연   )

2 분류 기준으로 알맞지 않은 것을 찾아 ×표 하세요.

색깔	예쁜 것	무늬
( )	(×)	( )

3 모자를 분류할 수 있는 기준을 써 보세요.

분류 기준   예 색깔(또는 모양)

132 교과서 달달 풀기 2-1

---

4 가방을 다음과 같이 분류하였습니다. 분류 기준으로 알맞지 않은 이유를 써 보세요.

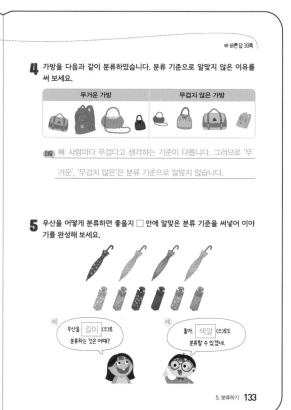

무거운 가방	무겁지 않은 가방

이유 예 사람마다 무겁다고 생각하는 기준이 다릅니다. 그러므로 '무거운', '무겁지 않은'은 분류 기준으로 알맞지 않습니다.

5 우산을 어떻게 분류하면 좋을지 □ 안에 알맞은 분류 기준을 써넣어 이야기를 완성해 보세요.

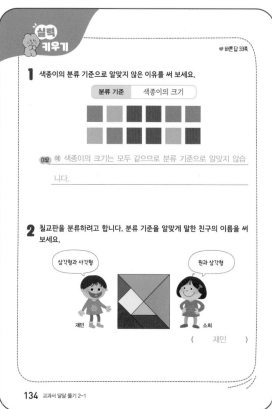

예 우산을 길이 (으)로 분류하는 것은 어때?

예 좋아. 색깔 (으)로도 분류할 수 있겠네.

5. 분류하기 133

실력 키우기

바른답 33쪽

1 색종이의 분류 기준으로 알맞지 않은 이유를 써 보세요.

분류 기준   색종이의 크기

이유 예 색종이의 크기는 모두 같으므로 분류 기준으로 알맞지 않습니다.

2 칠교판을 분류하려고 합니다. 분류 기준을 알맞게 말한 친구의 이름을 써 보세요.

삼각형과 사각형   원과 삼각형

재민   소희

(재민   )

134 교과서 달달 풀기 2-1

교과서 따라 풀기

2 색깔과 무늬는 누가 분류를 하더라도 결과가 같지만 예쁜 것은 분류하는 사람에 따라 결과가 달라질 수 있습니다.

4 분류할 때는 누가 분류를 하더라도 결과가 같아지는 분명한 기준을 정해야 합니다.

실력 키우기

1 색종이를 색깔에 따라 분류할 수 있습니다.

2 칠교판 조각은 삼각형 5개, 사각형 2개로 이루어져 있으므로 원과 삼각형으로 분류할 수 없습니다.
따라서 분류 기준을 알맞게 말한 친구는 재민이입니다.

기준에 따라 분류해 볼까요

개념 확인하기

135쪽

1 (1) ②, ⑤ / ④, ⑥ (2) ①, ③, ④, ⑤ / ②, ⑥

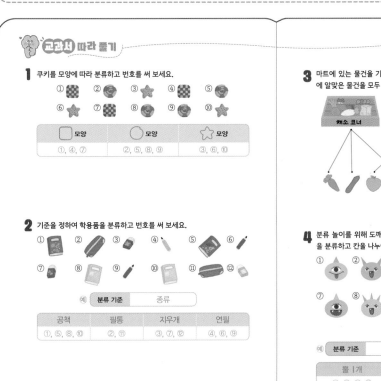

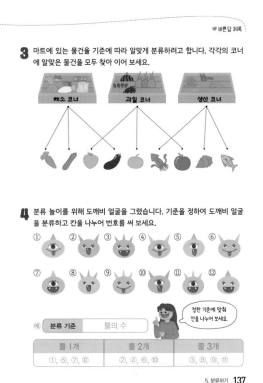

교과서 따라 풀기

1 쿠키를 모양에 따라 분류하고 번호를 써 보세요.

□ 모양	○ 모양	☆ 모양
①, ④, ⑦	②, ⑤, ⑧, ⑨	③, ⑥, ⑩

2 기준을 정하여 학용품을 분류하고 번호를 써 보세요.

예) **분류 기준** 종류

공책	필통	지우개	연필
①, ⑤, ⑧, ⑩	②, ⑪	③, ⑦, ⑫	④, ⑥, ⑨

3 마트에 있는 물건을 기준에 따라 알맞게 분류하려고 합니다. 각각의 코너에 알맞은 물건을 모두 찾아 이어 보세요.

4 분류 놀이를 위해 도깨비 얼굴을 그렸습니다. 기준을 정하여 도깨비 얼굴을 분류하고 칸을 나누어 번호를 써 보세요.

정한 기준에 맞춰 칸을 나누어 보세요.

예) **분류 기준** 뿔의 수

뿔 1개	뿔 2개	뿔 3개
①, ⑤, ⑦, ⑫	②, ④, ⑥, ⑩	③, ⑧, ⑨, ⑪

136 교과서 달달 풀기 2-1

5. 분류하기 **137**

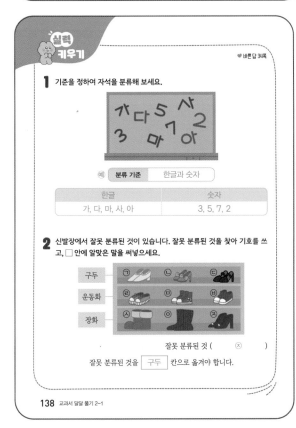

실력 키우기

1 기준을 정하여 자석을 분류해 보세요.

예) **분류 기준** 한글과 숫자

한글	숫자
가, 다, 마, 사, 아	3, 5, 7, 2

2 신발장에서 잘못 분류된 것이 있습니다. 잘못 분류된 것을 찾아 기호를 쓰고, □ 안에 알맞은 말을 써넣으세요.

잘못 분류된 것 (⊗)
잘못 분류된 것을 구두 칸으로 옮겨야 합니다.

138 교과서 달달 풀기 2-1

교과서 따라 풀기

2 학용품을 색깔에 따라 분류할 수도 있습니다.
➡ 빨간색, 파란색, 노란색

3 각각의 코너와 어울리는 물건을 모두 찾습니다.

4 도깨비의 얼굴을 색깔에 따라 분류할 수도 있습니다.
➡ 노란색, 파란색, 초록색

실력 키우기

1 자석을 색깔에 따라 분류할 수도 있습니다.
➡ • 보라색: 가, 5, 마
 • 파란색: 3, 7, 사
 • 초록색: 다, 아, 2

34 교과서 달달 풀기 2-1

03 분류하고 세어 볼까요

139쪽

개념 확인하기

1 (위에서부터) ////, //// / 3, 3

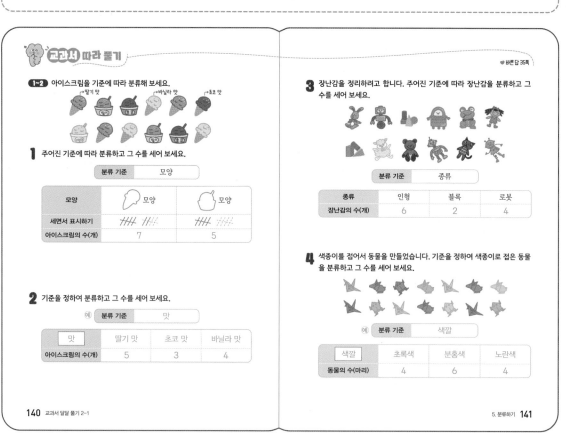

교과서 따라 풀기

1~2 아이스크림을 기준에 따라 분류해 보세요.

→딸기 맛 →바닐라 맛 →초코 맛

1 주어진 기준에 따라 분류하고 그 수를 세어 보세요.

분류 기준	모양	

모양	⬤ 모양	⬤ 모양
세면서 표시하기	//// ///	//// ////
아이스크림의 수(개)	7	5

2 기준을 정하여 분류하고 그 수를 세어 보세요.

(예) 분류 기준	맛		

맛	딸기 맛	초코 맛	바닐라 맛
아이스크림의 수(개)	5	3	4

바른답 35쪽

3 장난감을 정리하려고 합니다. 주어진 기준에 따라 장난감을 분류하고 그 수를 세어 보세요.

분류 기준	종류		

종류	인형	블록	로봇
장난감의 수(개)	6	2	4

4 색종이를 접어서 동물을 만들었습니다. 기준을 정하여 색종이로 접은 동물을 분류하고 그 수를 세어 보세요.

(예) 분류 기준	색깔		

색깔	초록색	분홍색	노란색
동물의 수(마리)	4	6	4

실력 키우기

바른답 35쪽

1 물건을 모양에 따라 분류하려고 합니다. 삼각형 모양인 물건은 모두 몇 개인지 구해 보세요.

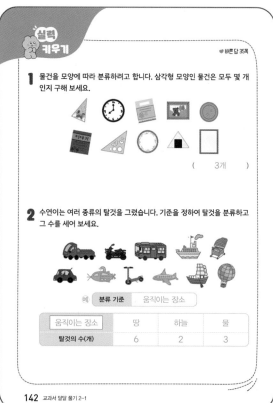

(3개)

2 수연이는 여러 종류의 탈것을 그렸습니다. 기준을 정하여 탈것을 분류하고 그 수를 세어 보세요.

(예) 분류 기준	움직이는 장소		

움직이는 장소	땅	하늘	물
탈것의 수(개)	6	2	3

교과서 따라 풀기

2 아이스크림을 색깔에 따라 분류할 수도 있습니다.

3 장난감을 종류별로 세어 보면 인형은 6개, 블록은 2개, 로봇은 4개입니다.

4 동물을 종류에 따라 분류할 수도 있습니다.
➡ 학: 5마리, 토끼: 5마리,
개구리: 4마리

실력 키우기

1 삼각형 모양인 물건은 3개, 원 모양인 물건은 3개, 사각형 모양인 물건은 4개입니다.

2 탈것을 움직이는 방법에 따라 사람의 힘과 엔진의 힘으로 분류할 수도 있습니다.

04 분류한 결과를 말해 볼까요

143쪽

1 6, 2 / 김밥

교과서 따라 풀기

바른답 36쪽

1~3 진영이네 반 학생들이 생일에 받고 싶은 선물을 조사하였습니다. 물음에 답해 보세요.

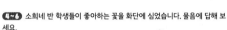

1 주어진 기준에 따라 분류하고 그 수를 세어 보세요.

분류 기준	종류

종류	로봇	지갑	인형	게임기
학생 수(명)	5	4	3	6

2 가장 많은 학생들이 받고 싶은 선물은 무엇인가요?
(게임기)

3 가장 적은 학생들이 받고 싶은 선물은 무엇인가요?
(인형)

4~6 소희네 반 학생들이 좋아하는 꽃을 화단에 심었습니다. 물음에 답해 보세요.

4 주어진 기준에 따라 분류하고 그 수를 세어 보세요.

분류 기준	색깔

색깔	빨간색	노란색	보라색	흰색
꽃의 수(송이)	6	4	7	3

5 화단에 있는 꽃 중 가장 적은 꽃의 색깔은 무엇이고, 몇 송이인가요?
(흰색), (3송이)

6 소희네 학교 앞 꽃집 주인에게 꽃을 더 많이 팔 수 있도록 보내는 편지를 완성해 보세요.

> 안녕하세요?
> 우리 반 친구들이 화단에 가장 많이 심은 꽃의 색깔은 보라색 입니다. 그래서 보라색 꽃을 더 준비해 두시면 좋을 것 같습니다. 감사합니다.

실력 키우기

바른답 36쪽

1~2 두께가 같은 책을 종류별로 분류하여 크기가 다른 세 개의 책꽂이에 각각 꽂으려고 합니다. 물음에 답해 보세요.

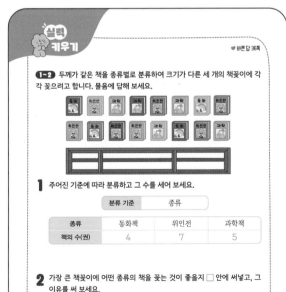

1 주어진 기준에 따라 분류하고 그 수를 세어 보세요.

분류 기준	종류

종류	동화책	위인전	과학책
책의 수(권)	4	7	5

2 가장 큰 책꽂이에 어떤 종류의 책을 꽂는 것이 좋을지 □ 안에 써넣고, 그 이유를 써 보세요.

가장 큰 책꽂이에 꽂을 책: 위인전

이유 예 책의 수를 비교하면 7>5>4이므로 가장 큰 책꽂이에는 위인전을 꽂는 것이 좋겠습니다.

교과서 따라 풀기

2 학생 수를 비교하면 6>5>4>3이므로 가장 많은 학생들이 받고 싶은 선물은 게임기입니다.

4 꽃을 색깔별로 세어 보면 빨간색은 6송이, 노란색은 4송이, 보라색은 7송이, 흰색은 3송이입니다.

5 꽃의 수를 비교하면 3(흰색)<4(노란색) <6(빨간색)<7(보라색)입니다.

실력 키우기

1 책을 종류별로 세어 보면 동화책은 4권, 위인전은 7권, 과학책은 5권입니다.

2 책의 수를 비교하면 7(위인전)>5(과학책) >4(동화책)입니다.

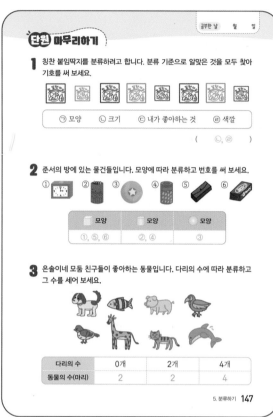

1 크기와 색깔은 누가 분류를 하더라도 결과가 같으므로 분류 기준으로 알맞습니다.

4 젤리를 색깔에 따라 분류할 수도 있습니다.

5 여름과 겨울에 각각 사용하는 물건을 생각하여 분류합니다.

6 종류별 재활용품의 수를 세어 보면 종이는 3개, 비닐은 3개, 플라스틱은 2개, 캔은 2개입니다.

7 가고 싶은 장소별 학생 수를 세어 보면 놀이공원은 5명, 동물원은 4명, 박물관은 2명, 직업 체험관은 7명입니다.

8 학생 수를 비교하면 7>5>4>2이므로 학생들의 소풍 장소를 직업 체험관으로 정하는 것이 좋겠습니다.

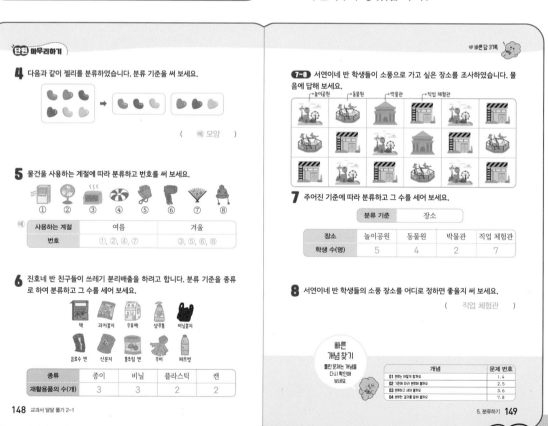

07 여러 가지 방법으로 세어 볼까요

6. 곱셈

개념 확인하기

151쪽

1 (1) 6, 7, 8, 9 / 9 (2) 6, 9 / 9 (3) 3 / 9

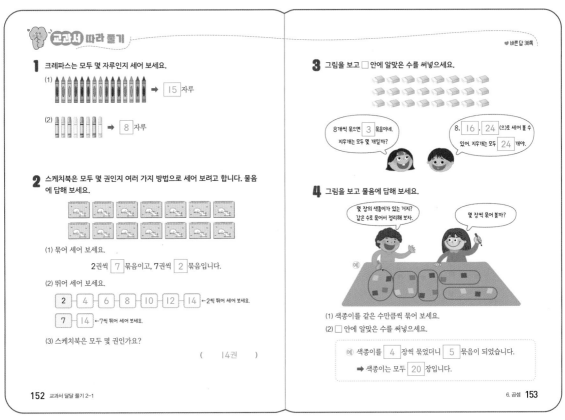

교과서 따라 풀기

1 크레파스는 모두 몇 자루인지 세어 보세요.

(1) ➡ 15 자루

(2) ➡ 8 자루

2 스케치북은 모두 몇 권인지 여러 가지 방법으로 세어 보려고 합니다. 물음에 답해 보세요.

(1) 묶어 세어 보세요.

2권씩 7 묶음이고, 7권씩 2 묶음입니다.

(2) 뛰어 세어 보세요.

2 — 4 — 6 — 8 — 10 — 12 — 14 ← 2씩 뛰어 세어 보세요.

7 — 14 ← 7씩 뛰어 세어 보세요.

(3) 스케치북은 모두 몇 권인가요?

(14권)

바른답 38쪽

3 그림을 보고 □ 안에 알맞은 수를 써넣으세요.

8개씩 묶으면 3 묶음이네. 지우개는 모두 몇 개일까?

8, 16 , 24 (으)로 세어 볼 수 있어. 지우개는 모두 24 개야.

4 그림을 보고 물음에 답해 보세요.

몇 장의 색종이가 있는 거지? 같은 수로 묶어서 정리해 보자.

몇 장씩 묶어 볼까?

(1) 색종이를 같은 수만큼씩 묶어 보세요.
(2) □ 안에 알맞은 수를 써넣으세요.

예 색종이를 4 장씩 묶었더니 5 묶음이 되었습니다.

➡ 색종이는 모두 20 장입니다.

152 교과서 달달 풀기 2-1

6. 곱셈 **153**

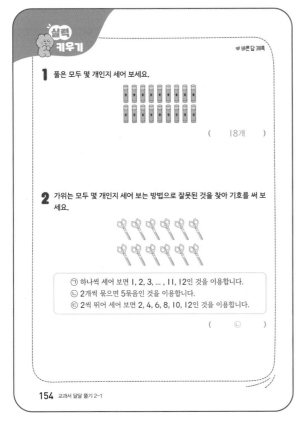

실력 키우기

바른답 38쪽

1 풀은 모두 몇 개인지 세어 보세요.

(18개)

2 가위는 모두 몇 개인지 세어 보는 방법으로 잘못된 것을 찾아 기호를 써 보세요.

㉠ 하나씩 세어 보면 1, 2, 3, ... , 11, 12인 것을 이용합니다.
㉡ 2개씩 묶으면 5묶음인 것을 이용합니다.
㉢ 2씩 뛰어 세어 보면 2, 4, 6, 8, 10, 12인 것을 이용합니다.

(㉡)

154 교과서 달달 풀기 2-1

교과서 따라 풀기

2 (3) 2권씩 또는 7권씩 묶어 세어 보거나 2씩 또는 7씩 뛰어 세어 보면 스케치북은 모두 14권입니다.

4 색종이를 5장씩 묶었을 때 4묶음인 것을 이용해 구할 수도 있습니다.

실력 키우기

1 • 하나씩 세어 보기: 1, 2, 3, ... , 17, 18
• 6씩 뛰어 세어 보기: 6, 12, 18
• 3개씩 묶어 세어 보기: 3개씩 6묶음
따라서 풀은 모두 18개입니다.

2 ㉡ 가위를 2개씩 묶으면 6묶음이 됩니다.

02 묶어 세어 볼까요

개념 확인하기

155쪽

1 (1) 2 / 10   (2) 5 / 6, 8, 10   (3) 10개

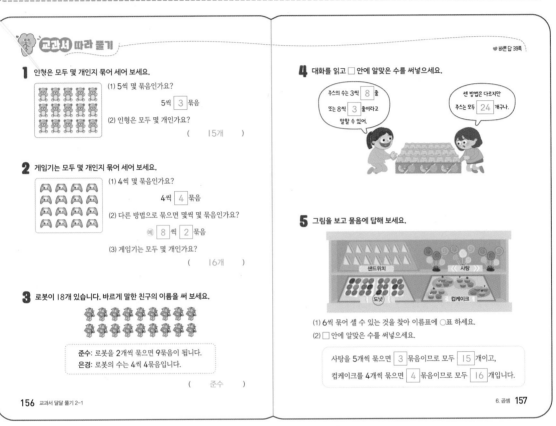

교과서 따라 풀기

1 인형은 모두 몇 개인지 묶어 세어 보세요.

(1) 5씩 몇 묶음인가요?

5씩 $\boxed{3}$ 묶음

(2) 인형은 모두 몇 개인가요?

(15개)

2 게임기는 모두 몇 개인지 묶어 세어 보세요.

(1) 4씩 몇 묶음인가요?

4씩 $\boxed{4}$ 묶음

(2) 다른 방법으로 묶으면 몇씩 몇 묶음인가요?

예 $\boxed{8}$ 씩 $\boxed{2}$ 묶음

(3) 게임기는 모두 몇 개인가요?

(16개)

3 로봇이 18개 있습니다. 바르게 말한 친구의 이름을 써 보세요.

준수: 로봇을 2개씩 묶으면 9묶음이 됩니다.
은경: 로봇의 수는 4씩 4묶음입니다.

(준수)

156   교과서 달달 풀기 2-1

4 대화를 읽고 □ 안에 알맞은 수를 써넣으세요.

주스의 수는 3씩 $\boxed{8}$ 줄
또는 8씩 $\boxed{3}$ 줄이라고
말할 수 있어.

센 방법은 다르지만
주스는 모두 $\boxed{24}$ 개구나.

5 그림을 보고 물음에 답해 보세요.

샌드위치   사탕
도넛   컵케이크

(1) 6씩 묶어 셀 수 있는 것을 찾아 이름표에 ○표 하세요.

(2) □ 안에 알맞은 수를 써넣으세요.

사탕을 5개씩 묶으면 $\boxed{3}$ 묶음이므로 모두 $\boxed{15}$ 개이고,
컵케이크를 4개씩 묶으면 $\boxed{4}$ 묶음이므로 모두 $\boxed{16}$ 개입니다.

6. 곱셈   157

실력 키우기

바른답 39쪽

1 꽃의 수는 몇씩 몇 묶음인지 2가지 방법으로 나타내세요.

예 $\boxed{2}$ 씩 $\boxed{8}$ 묶음, $\boxed{4}$ 씩 $\boxed{4}$ 묶음

2 민서와 승우가 나비는 모두 몇 마리인지 세어 보고 있습니다. ㉠과 ㉡에 알맞은 수 중 더 큰 수의 기호를 써 보세요.

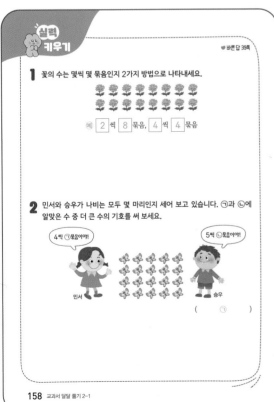

4씩 ㉠묶음이야!

5씩 ㉡묶음이야!

민서   승우

(㉠)

158   교과서 달달 풀기 2-1

교과서 따라 풀기

3 은경: 로봇의 수는 4개씩 묶으면 4묶음이
고 2개가 남습니다.

4 주스의 수는 4씩 6묶음 또는 6씩 4묶음으
로 셀 수도 있습니다.

실력 키우기

1 꽃의 수는 2씩 8묶음, 4씩 4묶음,
8씩 2묶음으로 나타낼 수 있습니다.

2 민서: 4마리씩 묶으면 4씩 5묶음이므로
㉠=5입니다.
승우: 5마리씩 묶으면 5씩 4묶음이므로
㉡=4입니다.
따라서 5>4이므로 더 큰 수의 기호는 ㉠
입니다.

6. 곱셈   **39**

03 몇의 몇 배를 알아볼까요

😋 **개념 확인하기**

159쪽

1 4 **2** (1) 3묶음 (2) 3배

😋 **교과서 따라 풀기**

1 그림을 보고 □ 안에 알맞은 수를 써넣으세요.

2씩 3 묶음은 2의 3 배입니다.

2 그림을 보고 □ 안에 알맞은 수를 써넣으세요.

우산의 수는 3 씩 5 묶음이므로 3 의 5 배입니다.

3 □ 안에 알맞은 수를 써넣고, 관계있는 것끼리 이어 보세요.

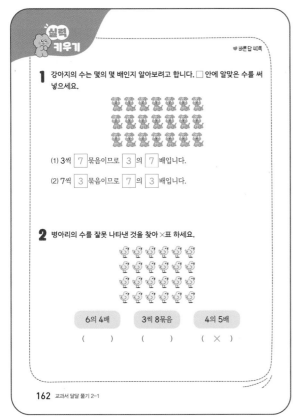

4씩 3묶음   2의 5 배

6씩 4 묶음   6의 4배

2씩 5묶음   4 의 3배

160 교과서 달달 풀기 2-1

♥ 바른답 40쪽

4 그림을 보고 □ 안에 알맞은 수를 써넣으세요.

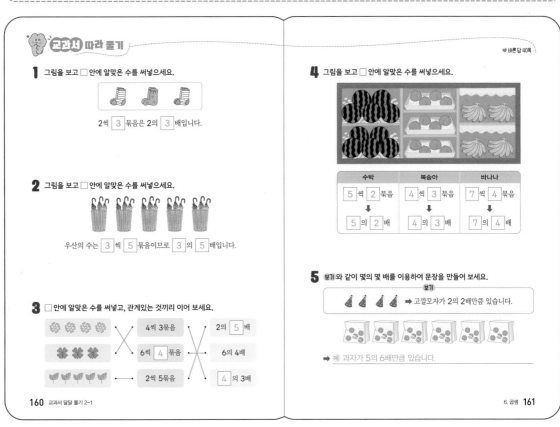

수박	복숭아	바나나
5 씩 2 묶음	4 씩 3 묶음	7 씩 4 묶음
↓	↓	↓
5 의 2 배	4 의 3 배	7 의 4 배

5 보기 와 같이 몇의 몇 배를 이용하여 문장을 만들어 보세요.

보기

➡ 고깔모자가 2의 2배만큼 있습니다.

➡ 예 과자가 5의 6배만큼 있습니다.

6. 곱셈 161

💪 **실력 키우기**

♥ 바른답 40쪽

1 강아지의 수는 몇의 몇 배인지 알아보려고 합니다. □ 안에 알맞은 수를 써넣으세요.

(1) 3씩 7 묶음이므로 3 의 7 배입니다.

(2) 7씩 3 묶음이므로 7 의 3 배입니다.

2 병아리의 수를 잘못 나타낸 것을 찾아 ×표 하세요.

6의 4배	3씩 8묶음	4의 5배
( )	( )	(×)

162 교과서 달달 풀기 2-1

😋 **교과서 따라 풀기**

3 • 꽃잎의 수: 6씩 4묶음 ➡ 6의 4배
• 초록색 잎의 수: 4씩 3묶음 ➡ 4의 3배
• 노란색 잎의 수: 2씩 5묶음 ➡ 2의 5배

5 과자의 수는 5씩 6묶음이므로 5의 6배만큼 있습니다.

💪 **실력 키우기**

2 병아리의 수는 3씩 8묶음이므로 3의 8배,
8씩 3묶음이므로 8의 3배,
4씩 6묶음이므로 4의 6배, 6씩 4묶음이므로 6의 4배로 나타낼 수 있습니다.
따라서 병아리의 수를 잘못 나타낸 것은 4의 5배입니다.

40 교과서 달달 풀기 2-1

04 몇의 몇 배로 나타내 볼까요

163쪽

1 (1) 1, 4 (2) 4   **2** 2, 2

교과서 따라 풀기

1 소은이가 가진 공깃돌의 수는 재윤이가 가진 공깃돌 수의 몇 배인지 구해 보세요.

(2배)

2 그림을 보고 □ 안에 알맞은 수를 써넣으세요.

나는 구슬을 4개 가지고 있어.
승현

나는 승현이의 4 배만큼 구슬을 가지고 있어.
시영

3 딱지의 수를 몇의 몇 배로 나타내 보세요.

2의 7 배

7의 2 배

바른 답 41쪽

4 그림을 보고 □ 안에 알맞은 수를 써넣으세요.

3cm
12cm

초록색 막대의 길이는
주황색 막대의 길이의 4 배야.
왜냐하면 주황색 막대를 4 번 이어 붙이면
초록색 막대의 길이와 같아지기 때문이지.

5 친구들이 쌓은 블록의 수는 지우가 쌓은 블록의 수의 몇 배인지 알아보세요.

| 지우 | 도윤 | 세아 | 은호 |

3 배   2 배   4 배

실력 키우기

바른 답 41쪽

1 집게의 수는 클립의 수의 몇 배인지 구해 보세요.

(3배)

2 ㉠과 ㉡에 알맞은 수를 각각 구해 보세요.

・20은 5의 ㉠배입니다.
・16은 8의 ㉡배입니다.

㉠ (4)
㉡ (2)

교과서 따라 풀기

4 전체 길이(12cm)는 단위길이(3cm)를 4번 이어 붙인 것과 같습니다.

5 지우가 쌓은 블록은 2개입니다.
도윤: 2씩 3묶음, 세아: 2씩 2묶음,
은호: 2씩 4묶음

실력 키우기

1 집게의 수는 4씩 3묶음이고, 클립의 수는 4씩 1묶음입니다.
따라서 집게의 수는 클립의 수의 3배입니다.

2 ・20은 5씩 4묶음이므로 5의 4배입니다.
➡ ㉠=4
・16은 8씩 2묶음이므로 8의 2배입니다.
➡ ㉡=2

05 곱셈을 알아볼까요

개념 확인하기

167쪽

1 (1) 3, 3　(2) 4, 4, 12　(3) 3, 12　(4) 12

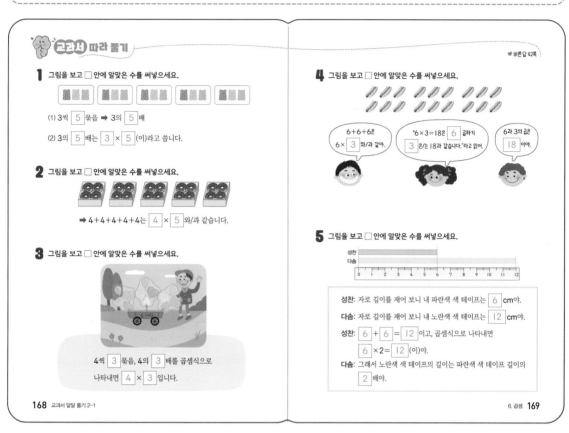

교과서 따라 풀기

1 그림을 보고 □ 안에 알맞은 수를 써넣으세요.

(1) 3씩 **5** 묶음 ➡ 3의 **5** 배

(2) 3의 **5** 배는 **3** × **5** (이)라고 씁니다.

2 그림을 보고 □ 안에 알맞은 수를 써넣으세요.

➡ 4+4+4+4+4는 **4** × **5** 와/과 같습니다.

3 그림을 보고 □ 안에 알맞은 수를 써넣으세요.

4씩 **3** 묶음, 4의 **3** 배를 곱셈식으로
나타내면 **4** × **3** 입니다.

168 교과서 달달 풀기 2-1

4 그림을 보고 □ 안에 알맞은 수를 써넣으세요.

6+6+6은
6 × **3** 와/과 같아.

"6×3=18은 **6** 곱하기
3 은/는 18과 같습니다."라고 읽어.

6과 3의 곱은
18 이야.

5 그림을 보고 □ 안에 알맞은 수를 써넣으세요.

성찬: 자로 길이를 재어 보니 내 파란색 색 테이프는 **6** cm야.

다솜: 자로 길이를 재어 보니 내 노란색 색 테이프는 **12** cm야.

성찬: **6** + **6** = **12** 이고, 곱셈식으로 나타내면
6 ×2= **12** (이)야.

다솜: 그래서 노란색 색 테이프의 길이는 파란색 색 테이프 길이의
2 배야.

6. 곱셈 169

실력 키우기

1 관계있는 것끼리 이어 보세요.

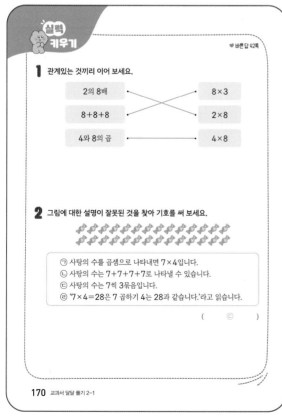

2의 8배		8×3
8+8+8		2×8
4와 8의 곱		4×8

2 그림에 대한 설명이 잘못된 것을 찾아 기호를 써 보세요.

㉠ 사탕의 수를 곱셈으로 나타내면 7×4입니다.
㉡ 사탕의 수는 7+7+7+7로 나타낼 수 있습니다.
㉢ 사탕의 수는 7씩 3묶음입니다.
㉣ '7×4=28은 7 곱하기 4는 28과 같습니다.'라고 읽습니다.

(**㉢**)

170 교과서 달달 풀기 2-1

교과서 따라 풀기

2 4씩 5묶음 ➡ 4의 5배
➡ 4+4+4+4+4 ➡ 4×5

4 핫도그의 수는 6씩 3묶음 ➡ 6의 3배
➡ 6+6+6 ➡ 6×3으로 나타낼 수 있습니다.

5 노란색 색 테이프는 파란색 색 테이프 2개를 합한 길이와 같으므로 2배입니다.

실력 키우기

1 • 2의 8배 ➡ 2×8
• 8+8+8 ➡ 8×3
• 4와 8의 곱 ➡ 4×8

2 ㉢ 사탕의 수는 7씩 4묶음입니다.

06 곱셈식으로 나타내 볼까요

171쪽

개념 확인하기

1 (1) 3, 5, 5, 15, 3, 15 (2) 5, 3, 3, 3, 15, 5, 15 (3) 15

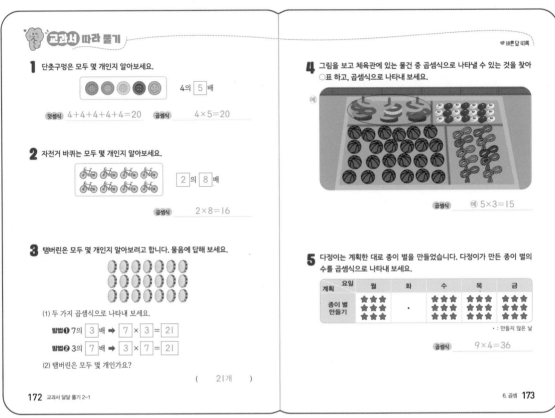

교과서 따라 풀기

1 단춧구멍은 모두 몇 개인지 알아보세요.

4의 5 배

덧셈식 4+4+4+4+4=20   곱셈식 4×5=20

2 자전거 바퀴는 모두 몇 개인지 알아보세요.

2 의 8 배

곱셈식 2×8=16

3 탬버린은 모두 몇 개인지 알아보려고 합니다. 물음에 답해 보세요.

(1) 두 가지 곱셈식으로 나타내 보세요.

방법❶ 7의 3 배 ➡ 7 × 3 = 21

방법❷ 3의 7 배 ➡ 3 × 7 = 21

(2) 탬버린은 모두 몇 개인가요?

(21개)

4 그림을 보고 체육관에 있는 물건 중 곱셈식으로 나타낼 수 있는 것을 찾아 ○표 하고, 곱셈식으로 나타내 보세요.

곱셈식 예 5×3=15

5 다정이는 계획한 대로 종이 별을 만들었습니다. 다정이가 만든 종이 별의 수를 곱셈식으로 나타내 보세요.

계획 요일	월	화	수	목	금
종이 별 만들기	★★★ ★★★ ★★★	·	★★★ ★★★ ★★★	★★★ ★★★ ★★★	★★★ ★★★ ★★★

· : 만들지 않은 날

곱셈식 9×4=36

실력 키우기

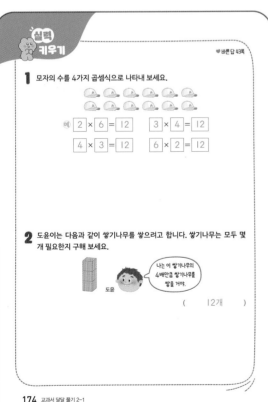

1 모자의 수를 4가지 곱셈식으로 나타내 보세요.

예 2 × 6 = 12   3 × 4 = 12

4 × 3 = 12   6 × 2 = 12

2 도윤이는 다음과 같이 쌓기나무를 쌓으려고 합니다. 쌓기나무는 모두 몇 개 필요한지 구해 보세요.

나는 이 쌓기나무의 4배만큼 쌓기나무를 쌓을 거야.

도윤

(12개)

교과서 따라 풀기

2 바퀴가 2개인 자전거가 8대 있습니다.

4 고리의 수는 5의 3배이므로 곱셈식으로 나타내면 5×3=15입니다.

실력 키우기

1 · 2씩 6묶음 ➡ 2×6=12

· 3씩 4묶음 ➡ 3×4=12

· 4씩 3묶음 ➡ 4×3=12

· 6씩 2묶음 ➡ 6×2=12

2 주어진 쌓기나무는 3개이고, 필요한 쌓기나무 수는 3의 4배입니다.

3의 4배 ➡ 3+3+3+3=12

➡ 3×4=12

따라서 쌓기나무는 모두 12개 필요합니다.

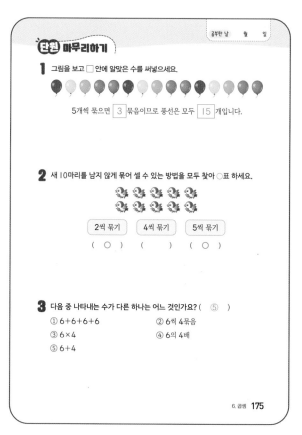

2 새 10마리는 2씩 5묶음, 5씩 2묶음으로 묶어 셀 수 있습니다.

3 ①, ②, ③, ④: 24 / ⑤: 10

5 화분을 2개씩 8묶음, 4개씩 4묶음, 8개씩 2묶음으로 묶어 셀 수 있습니다.

7 초록색 연필의 수는 2씩 5묶음이고, 파란색 연필의 수는 2씩 1묶음입니다.
따라서 초록색 연필의 수는 파란색 연필의 수의 5배입니다.

8 ㉠×3은 ㉠+㉠+㉠=27입니다.
따라서 9+9+9=27이므로 ㉠에 알맞은 수는 9입니다.

9 한 사람이 보를 냈을 때 펼친 손가락은 5개이므로 4명이 모두 보를 냈다면 펼친 손가락의 수는 5의 4배입니다.
5의 4배 ➡ 5+5+5+5=20
➡ 5×4=20(개)

6. 곱셈 **175**

단원 마무리하기

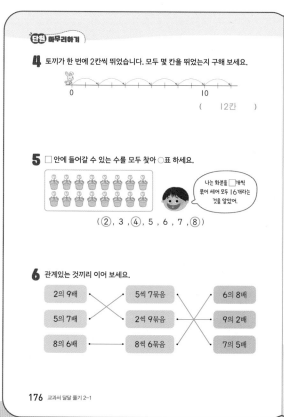

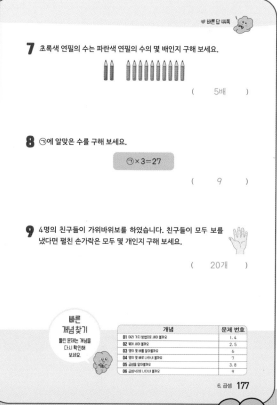